사회여론조사

-SPSS 활용-

오광식 지음

KM 경문사

머리말

본 저서에서는 여론조사에 대한 사회적 수요가 매우 커지고 있는 현시대에 사회여론조사에 대한 올바른 이해와 활용을 습득할 수 있도록 사회여론조사의 전 과정을 일목요연하게 이해할 수 있는 가이드를 제시하고자 한다. 구체적인 내용으로는 여론조사의 기본개념, 조사계획서 작성법, 조사방법에 대한 장단점, 올바른 설문지작성 방법, 표본추출방법과 실제적인 적용, 본조사시 유의사항, 기초통계학의 개념, 통계패키지 SPSS를 활용하여 자료를 분석하는 과정 등을 다룬다.

설문지를 통한 조사는 다양한 분야에서 활용되고 있다. 예를 들어, 정부에서 어떤 정책을 수립하기 위하여 여론을 수렴할 목적으로 실시하는 설문조사, 각 정당에서 지지율을 알아보기 위하여 실시하는 사전 선거 여론조사, 공공기관에서 일반인이나 특정 계층의 의견이나 태도 등을 알아보기 위한 설문조사, 기업에서 마케팅 전략을 수립하기 위하여 소비자의 만족도와 수요 예측을 위한 시장조사, 다양한 학문 분야에서 실증적 사례 연구를 위한 설문조사 등이 있다. 이와 같이 조사는 현대사회에서 폭넓게 이용되고 있으므로, 현대인은 이에 대한 정확한 이해와 올바른 조사방법에 대한 내용을 파악할 필요가 있다. 그러나 대부분의 책들은 사회여론조사의 전 과정을 일목요연하게 설명하기보다는 조사방법론, 표본추출방법, 설문지 작성법, 통계분석방법 등과 같이 부분적인 설명에 치우친 경향이 있어 전체를 이해하는데 어려움이 있다. 교양과목으로 '여론조사와 통계학'을 강의하면서 한 학기 동안에 학생들이 이해하고 실제로 활용할 수 있는 정도의 범위를 10년 정도 경험한 후에 학생들의 교재로써 그리고 조사를 하고자 하는 사람들에게는 길잡이 역할을 할 수 있는 책이 필요할 것 같아 이 책을 집필하게 되었다.

1부에서 조사방법론의 기초개념으로 조사의 개요, 조사의 과정, 설문지, 표본조사 등을 다루고, 2부에서 자료의 통계 분석을 위하여 통계적 추정과 가설검정의 원리에 대한 간단한 설명과, 통계패키지 SPSS를 이용하여 자료를 요약하는 방법, 집단 간 차이 분석(t-test, 분산분석, 카이제곱검정), 회귀분석, 타당도와 신뢰도 등을 다룬다. 전체가 10장으로 구성되어 있으므로 한 학기에 충분히 강의할 수 있는 분량이라고 볼 수 있다. 그러나 학생들의 선수지식과 강의의 성격에 따라 1장부터 7장까지 강의하여도 사회여론조사의 이해와 실제 활용에는 무리가 없을 것으로 생각된다.

1998년부터 지금까지 여론조사와 관련한 교양 및 전공과목을 수강한 학생들과 원고 집필에 조언을 해준 동료교수들과 제자들에게 감사드린다.

오광식

차례

Part 01 조사방법론

PART 01 조사방법론

제 1 장 조사의 개요

1.1 개요

사회생활이나 학문연구에서 의문이 생겼을 때 우리는 조사를 통하여 그 문제를 해결하고자 한다. 정치인들은 선거 전략을 짜기 위하여 사전선거조사를 실시하고, 기업에서는 마케팅조사를 통하여 시장전략을 세운다. TV 방송국은 시청률 조사를 실시하여 프로그램 선호도를 파악하며, 정부에서는 새로운 정책을 입안하기 위하여 여론조사를 실시한다. 백화점, 음식점, 공공기관 등에서는 고객이나 이용자들을 대상으로 서비스 만족도 조사를 통하여 정보를 얻는다. 인터넷 진흥원에서는 매년 인터넷 중독률을 조사하여 중독자를 줄이기 위한 방법을 찾고자 노력한다. 그리고 연구자들은 연구 수행을 위하여 조사연구를 활용한다.

조사(survey)는 기원전 1500년경에 세금징수나 징병을 목적으로 시작되어 그 이후 이집트, 중국, 그리스, 로마시대까지 조사기록이 있으며, 우리나라의 경우에는 고려시대의 호패제도가 인구총조사의 한 형태라고 볼 수 있다. 근대에 이르기까지 지배계층은 대중의 여론을 필요 없는 것으로 간주하고, 단지 통치나 통제수단으로 조사를 사용하였다. 그러나 대중의 의견을 주목하기 시작한 계몽주의 시대를 거쳐 19세기 후반부터 대중의 의견을 묻는 여론조사를 실시하였지만 초창기에는 대부분 전체를 조사하였음에도 불구하고 정확도가 매우 낮아 비효율적이었다. 1930년대부터 조사방법론의 연구가 본격화되기 시작하였다. 클라우드 로빈슨은 1932년에 선거조사를 분석한 후에 7가지 오차요인을 찾아내었고, 1935년에는 조지 갤럽이 조사과정의 공개와 절차를 구체화한 보고서를 발간하였다.

조사는 전수조사(census), 표본조사(sampling survey) 그리고 사례조사(case study)가 있는데 전수조사는 관심의 대상이 되는 전체를 조사하는 것으로, 미국은 10년에 한 번씩 그리고 우리나라에서는 5년에 한 번씩 실시하는 인구총조사가 이에 해당된다. 표본조사는 관심의 대상이 되는 전체 중에서 일부를 조사하는 것으로 거의 대부분의 조사가 여기에 해당된다고 볼 수 있다. 확률표본에 의한 표본조사가 20세기 초부터 최선의 과학적인 조사방법으로 모든 나라에서 공인된 연구방법으로 인정받고 있다. 그 외에도 르포 형식의 실태조사가 있는데 이것은 일종의 사례조사로써 적절한 시기에 현장감을 느낄 수 있는 조사방법으로 'PD수첩' 또는 '그것이 알고 싶다' 등과 같이 TV나 신문에서 많이 활용하고 있다. 그러나 몇몇 사례를 통해 얻은 정보는 편중될 수가 있으므로 전체를 대표한다고 보기 어려운 문제점이 있다.

광범위하게 이용되고 있는 여론조사(public opinion survey)는 어떤 이슈에 대해 공중들의 태도를 조사하여 중심경향을 추정하는 활동을 말한다. 공중의 의견이 여론이며 여기서 공중이란 집합명사로서 특정 개인들과 대칭되는 전체를 말하는 것으로 예를 들어 한 국가의 국민이 공중이다. 의견은 태도의 언어적 표현으로써 마음가짐을 의미한다. 진실된 여론을 파악하는 것은 매우 중요한 일로써 신뢰할 수 있는 여론조사결과는 과학적이고 합리적인 의사결정을 하는데 큰 도움을 준다. 언론 및 의사표현의 자유가 보장된 사회에서 올바른 여론조사가 이루어질 수 있으며, 응답자도 태도를 분명히 하여야 한다.

표본조사를 통하여 여론조사를 하는 이유는 저렴한 비용을 들여서 신속하고 정확한 정보를 획득하기 위한 것이다. 국민 전체 4,000만 명을 대상으로 조사를 실시하는 경우에는 전문 여론조사기관을 모두 동원한다고 하더라도 몇 개월 이상이 걸릴 것이고, 수백억의 비용이 들 뿐만이 아니라 조사원이 적어도 만 명 이상이 필요하므로 이들의 효율적인 관리조차도 불가능하여 정확한 조사가 이루어지기 어려울 것이다. 그러나 1,000명의 표본을 대상으로 전화조사를 실시할 경우에는 30명 정도의 조사원이 한 명 정도의 전문 슈퍼바이저의 통제하에서 이틀 정도에 저렴한 비용으로 정보를 획득할 수 있을 것이다.

표본조사가 사회적으로 널리 인정받고 있지만 비전문가들의 입장에서는 소수의 응답자로부터 얻은 정보가 어떻게 전체를 대표한다고 볼 수 있는지 여전히 의문을 가질 수밖에 없는데, 이에 대한 응답은 표본조사기법이 체계적이고 과학적인 최선의 조사방법으로써 엄격한 과정을 통해서 이루어진다는 것이다. 조사과정에는 정확한 정보를 얻기 위해서 조사계획서를 작성하고 계획서에 따라 설문지 작성, 표본 추출, 본조사, 자료의 입력과 통계분석, 결과보고서 작성 등이 충분히 고려되어야 한다. 특히 조사결과에는 모집단(조사대상과 조사지역 등), 표본크기, 표본추출방법, 조사방법(접근방법), 조사기간, 표본오차 등을 포함시켜야 한다.

1.2 조사 유의사항

이 절에서는 조사를 할 때 고려하여야 할 사항과 용어 몇 가지를 간단히 살펴보기로 한다. 표본오차와 비표본오차, 위음성과 모른다(don't know; DK), 사회적 요망성에 따른 위양성, 윤리적 문제로써 비밀유지와 익명성, 밴드웨건 효과와 언더독 효과, 수위효과와 근자효과 등을 간단히 소개하고자 한다.

(1) 표본오차(sampling error)와 비표본오차(non-sampling error)

표본오차(표집오차)는 전수조사가 아니기 때문에 나타나는 결과로써 확률과 관련된 표본크기(sample size)와 표본추출방법에 의해 결정된다. 시간과 비용 등을 고려한다면 무작정 표본크기를 크게 할 수는 없는 문제이므로, 표본오차를 줄이면서 동시에 통계적 신뢰성을 높이기 위하여 조사기관에서는 적절한 표본추출기법을 개발하여 사용하고 있다. 많이 사용하고 있는 무작위추출법(단순랜덤추출법: simple random sampling)에 의한 표본오차는 표본크기가 n인 경우에는 95% 신뢰수준에서 $1/\sqrt{n}$로 간단히 구하기도 한다. 예를 들어 표본크기가 $n=100$인 경우에는 $1/\sqrt{100}=1/10=0.1$이므로 95% 신뢰수준에서 표본오차는 ±10%P이다. 이에 대한 구체적인 내용은 통계학의 기본개념에서 다루기로 한다.

비표본오차(비표집오차)는 확률과 관계없는 오차로써 통계적으로 제어할 수 없으나, 조사의 전 과정에서 일어날 수 있으므로 조사자의 세밀한 주의가 필요하다.

예를 들어 설문지를 작성할 때 유도성 질문을 하거나 설문지의 부실로 인해 응답자가 잘못 응답한 경우, 표본추출과정에서 표집틀이 잘못된 경우, 선정된 표본을 면접자가 고의적으로 누락하거나 교체한 경우, 본조사를 할 때 응답자의 심리적 문제로 인한 부정직성, 자료의 입력 부실 등을 들 수 있다.

(2) 위음성(false negativeness)과 '모른다'(don't know; DK)

의견을 묻는 여론조사에서 '모른다'고 대답하거나 아예 응답을 하지 않는 경우가 있는데 이때 우리는 응답자의 위음성을 고려해야 한다. 응답자의 위음성이란 물어보는 주제에 대해서 실제로 의견이 있으면서도 잘 모르겠다고 응답하거나 응답을 거부한 경우를 말하는 것으로써, 어떤 특정 집단에서 구성원들에게 영향을 미칠 수 있는 미묘한 문제를 다룰 때 익명성에 대한 보장이 불분명하면 잘 나타날 수 있는 현상이다. DK 즉 모른다고 응답한 응답자의 비율이 5% 미만 정도로 작다면 위음성에 대하여 별로 걱정할 필요가 없겠지만, 비율이 20~30%를 넘어선다면 위음성에 대한 가능성을 고려해야 한다(허명회, 1998).

그렇다면 응답자의 위음성을 줄이기 위해서는 어떻게 하여야 할까? 이 문제를 해결하기 위하여 설문지에 추가 질문을 통하여 응답자들의 태도를 밝혀낼 수도 있으나, 이렇게 추가로 질문하면 의견이 없는데도 불구하고 응답하는 위양성의 오류가 발생할 수도 있다. 그러므로 가장 좋은 방법은 응답자가 태도를 분명하게 밝힐 수 있는 방법을 강구하는데 있다. 응답자의 분명한 태도 표명이 본조사의 타당도를 높여 이 결과를 토대로 조사자(또는 조사기관)가 올바른 의사결정을 내릴 수 있지만, 그렇지 못한 경우에는 조사자뿐만이 아니라 응답자에게도 그 피해가 부메랑처럼 되돌아 갈 수 있다는 점을 모두가 인식하는 것이 중요하다.

(3) 사회적 요망성(social desirability)에 따른 위양성(false positiveness)

위양성은 실제로는 의견이 없는데도 불구하고 의견을 가진 것처럼 응답하는 경우인데, 앞에서도 언급했듯이 위음성의 오류를 줄이려고 추가질문을 계속하면 위양성의 오류가 증가하는 문제가 발생할 수도 있다. 특히 사회적으로 바람직한 일이라고 기대되는 사안이거나 사회적 압력이 있는 경우에는 위양성의 오류가 일어날 가능성이 높으므로 주의하여야 한다.

그러므로 조사자와 조사의 내용에 따라 위양성과 위음성의 오류가 나타나는 경향이 다를 수 있으므로 사안별로 적절한 균형을 이룰 수 있도록 해야 한다.

(4) 익명성(anonymity)와 비밀유지(confidentiality)

조사를 하는 과정에서 응답자의 인적사항을 얻게 되는데 이는 사생활 정보이므로 절대로 다른 목적으로 사용되어서는 안 된다. 그러므로 응답자에 대한 사생활 침해를 방지하고 정확한 응답을 유도하기 위하여 익명성 또는 비밀유지를 보장해야 된다. 누가 조사에 응했는지 응답자의 신원을 조사자도 전혀 알 수 없도록 조사하는 것이 익명성(anonymity)의 보장이다. 비밀유지(confidentiality)는 각 응답자의 응답을 비밀로 하고 응답으로부터 계산된 통계치들만 발표하는 것으로 응답자의 신원과 그의 정보를 분리하여 응답 여부를 알아볼 경우에만 응답자의 신원을 참고하는 방법이다.

어떠한 경우에도 비밀유지는 보장되어야 하는데, 특히 민감한 사안에 대한 조사에서는 익명성과 비밀유지가 조사의 타당성을 높이는데 더욱 중요한 역할을 하게 된다. 최근에 많이 이용하고 있는 인터넷이나 핸드폰을 이용한 조사는 비밀유지가 보장될 수 있는 명확한 근거를 제시할 필요가 있으며 그렇게 해야지만 응답자가 안심하고 응답하게 된다.

(5) 밴드웨건 효과(band wagon effect)와 언더독 효과(under dog effect)

사전 선거조사를 실시하여 후보자들의 인기도를 발표하는 것이 선거에 영향을 끼칠 수 있다는 주장으로 밴드웨건 효과와 언더독 효과를 들 수 있다. 밴드웨건 효과는 사전 선거 여론조사에서의 우세자가 조사 결과의 공표로 더 유리하게 된다는 것이고, 언더독 효과는 열세자가 동정효과를 얻는다는 것이다.

허명회 교수(2006)는 어느 쪽도 다 일리가 있지만 실증적 근거를 확보하지 못하고 있는 우리나라의 경우에는, 유권자들의 소신이 간단히 바뀌지는 않겠지만 여론조사의 발표가 선거의 양상을 다자 대결에서 양자 대결로 바꿀 수는 있을 것으로 생각하였다.

(6) 수위효과(primacy effect)와 근자효과(recency effect)

수위효과는 응답자들이 스스로 설문지를 읽고 답하는 방식에서는 먼저 나오는 답지들에 쏠리는 편향이 있다는 것으로, 그 이유는 끝까지 읽기가 귀찮으니까 앞의 한두 개만 대충 읽어보고 그냥 체크하려는 응답자의 심리 때문이다. 근자효과는 응답자들이 설문과 답지를 듣고 답하게 되는 조사 방식에서 가장 후에 들은 답지들을 선택하는 편향을 말한다. 그 원인은 처음에 들은 답지들은 기억에서 흐릿해지고 가장 최근에 들은 답지들이 기억에 가장 또렷하기 때문이다(허명회 1998).

1.3 조사 사례

사례 1.1.1 TV 시청률 조사

T.N.S. 미디어 코리아와 A.C. 닐슨 코리아에서는 지상파 TV 채널의 프로그램별 가구 일일시청률을 매일 조사하여 발표하고 있다. 피플미터(people meter) 전자기기를 전국 약 1,000가구에 설치하여 피플미터의 핸드셋에 있는 개인별 버튼을 통하여 누가 언제 무엇을 시청하고 있는지 입력하도록 되어 있고, 매일 일정한 시간에 저장된 자료가 회사 컴퓨터로 전송되어 통계분석을 거쳐 매일 아침에 각 TV사에 보고서로 제출된다.

T.N.S. 미디어 코리아가 KBS1, KBS2, MBC, SBS, OBS 5개 채널의 프로그램별 가구 시청률에 대한 자료를 다음과 같이 홈페이지에 게시하였다. 모집단에는 전국(16개 시, 도 — 제주도 및 읍면 포함)의 TV 보유 가구의 지상파 안테나 시청 및 케이블 TV 가입 가구가 모두 포함되어 있고, 조사 시간은 당일 2시부터 익일 2시까지이다(2011년 7월 20일 자료). 여기서 표본크기, 표본추출방법, 조사방법, 표본오차 등은 밝히지 않았는데 이는 회사의 업무상 비밀에 해당될 수도 있기 때문에 나타내지 않은 것으로 추측된다. 하지만 시청률조사의 스폰서들에게는 모두 설명할 것으로 판단된다.

[표 1.1.1] TV 프로그램 시청률(출처: T.N.S. 미디어 코리아(http://www.tnms.tv/))

전국 Top 10				서울수도권 Top 10			
순위	프로그램	채널	시청률	순위	프로그램	채널	시청률
1	KBS뉴스9	KBS1	18.8	1	시티헌터	SBS	19.6
2	시티헌터	SBS	17.9	2	KBS뉴스9	KBS1	16.6
3	우리집여자	KBS1	17.7	3	황금어장	MBC	15.7
4	황금어장	MBC	12.6	4	우리집여자	KBS1	14.8
5	인간극장	KBS1	11.4	5	불굴의며느리	MBC	13.3
6	불굴의며느리	MBC	11.4	6	당신참예쁘다	MBC	11.9
7	휴먼플래닛	KBS1	11.2	7	짝	SBS	11.0
8	당신참예쁘다	MBC	11.0	8	휴먼플래닛	KBS1	10.6
9	미쓰아줌마	SBS	9.6	9	인간극장	KBS1	10.1
10	당신이잠든..	SBS	9.3	10	당신이잠든..	SBS	10.0

* 2011년 7월 20일 게시 자료임.

제 2 장 조사의 과정

2.1 조사과정의 단계

신뢰할 수 있고 타당한 조사를 하기 위해서는 적절한 단계를 거치고 또한 체계적이고 과학적인 방법을 적용하여야 한다. 이 절에서는 조사과정의 전 단계에서 고려해야 할 사항들에 대해서 간단히 소개하고자 한다.

단계 1 : 조사의 목적과 내용
단계 2 : 조사의 대상과 방법
단계 3 : 조사의 일정과 예산
단계 4 : 설문지 설계 및 사전조사
단계 5 : 표본의 크기와 표본추출
단계 6 : 조사원의 훈련 및 관리
단계 7 : 본조사의 실시
단계 8 : 자료의 검토와 입력
단계 9 : 자료의 통계분석
단계 10 : 보고서 작성

단계 1 조사의 목적과 내용

조사하고자 하는 목적을 분명하고 명확하게 기술하는 것이 중요하다. 조사하고자 하는 바는 무엇인가? 조사를 해야 하는 이유 즉 배경과 필요성은 무엇인가? 기존의 조사사례와는 어떤 점이 다르며, 기여하는 바는 무엇인가? 등을 정확하고 간단하게 기술하는 것이 좋다.

8명 내외의 의견수렴집단인 포커스 그룹(focus group)을 구성하여 조사의 목적과 내용을 구성할 필요가 있다. 포커스그룹은 조사주관자와 조사담당자들로 구성되는데 가능하면 조사내용과 관련된 전문가와 통계분석 전문가도 포함시키는 것이 좋다. 조사계획단계에서부터 전문가들의 의견을 수렴함으로써 나중에 엉뚱한 결론을 내는 잘못을 미연에 방지할 뿐만 아니라 효율적인 통계분석이 가능하다.

조사목적이 세워지면 그 목적에 부합하는 조사내용 또는 조사항목을 파악해야 한다. 현상파악형은 그 주제에 대한 현상을 조사하는 것이므로, 조사담당자들이 모여서 브레인스토밍(brainstorming)을 실시한 후에 그 결과를 정리하여 조사항목을 정하면 된다. 브레인스토밍은 주어진 주제에 대한 자유로운 의견개진을 통하여 항목을 도출하는 한 방법이다. 가설검증형인 경우에는 조사주관자가 어떤 가설을 세우고 그 가설이 성립하는지 조사자를 통하여 확인하는 것이 목적이므로, 선행연구에 대한 문헌고찰 후에 이론적 모형을 세우고 검증해야 할 가설에 따라 그 내용을 정하면 된다.

단계 2 조사의 대상과 방법

조사의 대상이 되는 집단을 모집단(population)이라고 하는데, 예를 들어 선거여론조사인 경우에는 선거권을 가진 모든 국민을 뜻한다. 그러나 현실적인 여건을 고려하여 실제 모집단의 대안을 고려할 필요도 있다. 좁은 대상의 조사연구라도 더 넓은 대상의 여러 구역에서 반복되면 조사연구결과에 대한 종합분석인 메타분석이 가능하므로 지금의 조사연구가 더 큰 조사연구의 초석이 된다는 점을 고려하여 현실적 여건과의 타협도 학문의 테두리 안에서 충분히 용납되고 이해될 수 있다는 점을 인식할 필요가 있다(허명회, 2006).

대표적인 조사방법으로는 면접조사, 전화조사, 우편조사 등이 있으며 나름대로의 장단점이 있다. 그러나 조사방법의 결정은 조사대상, 예산, 그리고 조사일정 등과 관계가 있으므로 일반적인 가이드라인을 제시하기는 어려움이 있다. 그 외의 조사방법으로 일종의 면접조사라고 볼 수 있는 자기식조사(유치조사), 출구조사, 가두조사, 점두조사, 집단조사 등이 있으며, 최근에는 인터넷의 발달과 편의성 때문에 우편조사의 일종으로 볼 수 있는 인터넷 이용조사가 많이 사용되기도 한다.

단계 3 조사의 일정과 예산

조사목적, 조사내용, 조사대상 및 조사방법이 결정되면 조사자는 조사가 완성되기까지의 일정표를 작성하고, 일정표의 각 단계별로 어느 정도의 경비가 들 것인가를 추정하여 예산을 편성하여야 한다. 특히 조사의 실시 시기는 조사의 목적에 따라 타이밍이 중요하므로 이를 고려하여 전체 일정을 계획하여야 한다. 또한 예상치 못한 지연이 일어날 수도 있으므로 최종보고서 발표일정을 충분히 고려하여 유연성 있게 일정표를 작성하여야 한다.

예산은 현실적 여건을 충분히 고려해서 편성하여야 하지만 응답자에 대한 사례비용은 조사자가 해야 할 당연한 예의로써 반드시 포함하는 것이 좋다. 응답자에 대한 사례는 응답의 정확도와 응답률에 많은 영향을 미치는 점을 염두에 두어야 한다.

단계 4 설문지 설계 및 시험조사

설문지는 조사에서 가장 핵심적인 부분으로, 조사의 목적이 달성될 수 있도록 잘 구성하여 정보를 체계적으로 얻어 그 정보가 신뢰성과 타당성을 갖도록 하여야 한다. 설문지의 작성과정을 요약하면 다음과 같다. 조사목적과 내용에 따라 조사대상과 조사방법을 고려하여 적절하게 문항을 개발하고, 응답자와 통계분석이 편리하도록 설계하고, 시험조사(pilot survey)를 통하여 잘못 표현된 문항이나 응답자의 이해도와 응답시간 등을 검토한 후에 최종적으로 인쇄한다.

단계 5 표본의 크기와 표본추출

조사자는 조사하는 모집단을 대표할 수 있는 축소된 표본을 선택해야 한다. 표본의 크기는 조사의 정확도인 표본오차와 예산을 고려하여 결정하여야 한다. 표본의 크기가 클수록 정확도는 높아지지만 비용과 시간도 많이 소요된다. 표본크기가 결정되면 표본을 추출하는 다양한 방법들을 고려해야 한다. 중요한 표본 추출방법으로는 단순임의추출, 계통추출, 층화추출, 집락추출 등이 있다.

단계 6 조사원의 훈련 및 관리

면접조사와 전화조사를 실시하기 위해서는 조사원이 필요하다. 조사원은 시간제 아르바이트 학생을 선발하여 활용하거나 조사기관의 조사원을 선정할 수도 있다. 조사기관들은 시간제 아르바이트 학생들보다는 꾸준히 일할 수 있는 사람 예를 들어 가정주부를 더 선호하는 경향이 있다.

조사자는 조사원에게 조사의 목적, 표본의 선정, 면접 또는 전화조사방법, 자료입력방법 등 설문지를 사용하는 방법과 필요한 내용을 완전히 훈련시켜야 한다. 잘 훈련된 조사원은 조사하는 동안에 응답자의 흥미를 유발하여 응답률을 높일 수도 있다. 특히 표본의 중요성, 비협조적인 응답자를 처리하는 지침, 그리고 재검을 통한 상벌이 있음을 명확히 숙지시켜야 한다.

단계 7 본조사의 실시

본조사의 실시는 조사 전체의 성패 여부를 결정할 수 있을 정도로 중요하다. 이미 결정된 표본추출방법에 의해 선정된 표본이 주어진 절차에 따라 정확히 지켜져야 하고, 조사의 목적에 따라 타이밍이 중요하므로 일정표에 있는 조사시기가 지켜져야 한다. 또한 응답자의 사생활 보호와 불편이 없도록 배려되어야 한다. 특히 조사과정에서 윤리적으로 어긋나는 행위가 없도록 세심한 주의가 필요하다.

단계 8 자료의 검토와 입력

본조사가 끝나면 회수된 설문지를 검토한다. 설문 문항에 맞게 응답을 하였는지, 설문지가 유효하도록 각 문항을 충분히 답하였는지 등을 검토하고, 서술형 문항은 쉽게 입력할 수 있도록 분류하고 코드화한다. 설문지를 검토한 후에 각 설문지에 일련번호를 부여하여 입력 작업이 끝난 후에 재검할 수 있도록 한다.

어떤 통계 소프트웨어 패키지를 사용하여 통계분석을 하느냐에 따라 자료의 입력 방법이 다를 수 있지만, 통계 소프트웨어 패키지에 직접 자료를 입력하는 것보다는 워드 소프트웨어나 엑셀과 같은 스프레드시트에 입력하는 것이 바람직하다. 왜냐하면 자료의 관리도 편리할 뿐만 아니라, 대부분의 통계 소프트웨어 패키지는 워드나 엑셀 자료를 불러오는 기능이 있으므로 추후에 다른 패키지를 사용할 때 유용하기 때문이다.

단계 9 자료의 통계분석

자료의 입력이 끝나면 자료를 요약하고 그래프를 그리고 통계분석한다. 조사의 목적에 부합하는 통계적 방법을 적용해야 되는데 많이 사용되는 통계적 방법은 다음과 같다. 빈도 및 분할표 분석, 평균비교를 위한 t-검정과 분산분석, 상관분석 및 회귀분석, 요인분석, 판별분석, 군집분석, 경로분석 그리고 구조방정식 모형분석 등이 있다.

특별한 연구조사가 아닌 일반 여론조사인 경우에는 너무 많은 통계적 방법을 적용하려고 과욕을 부리는 것보다는 대부분의 사람들이 이해할 수 있는 쉬운 방법을 사용하여 여론조사의 목적을 달성하는 것도 한 방법이라고 생각한다.

간단한 통계적 방법은 엑셀을 이용해서도 가능하고, 많이 사용하는 통계 소프트웨어 패키지는 SAS, SPSS, AMOS, MPLUS 등이 있다. 사회과학도들이 많이 사용하는 SPSS에 AMOS도 탑재되어 있으므로 본서에서는 SPSS를 사용하여 통계 분석하는 과정을 소개한다.

단계 10 보고서 작성

보고서의 형태는 용도에 따라 다양할 수 있는데 조사에 관한 모든 정보가 간결하게 기록되어야 한다. 일반적으로 조사의 개요, 조사의 결과, 설문지와 자료 등이 포함되어야 한다. 조사의 개요에는 조사 목적과 활용도, 모집단(조사대상과 조사지역 등), 표본크기, 표본추출방법, 조사방법(접근방법), 조사기간, 표본오차 등을 포함시켜야 한다. 조사의 결과에는 설문의 주요 항목에 대한 단순 집계를 나타내는 그래프에 대한 설명, 통계 분석의 결과에 대한 설명과 결론이 있어야 한다. 마지막으로 설문지와 자료에 대한 인구요인별 단순 집계 표를 첨부하면 된다.

2.2 조사계획서

조사자가 어떤 조사를 하고자 한다면 이 조사가 무엇에 관한 것이며 어떻게 조사를 해나갈 것인가를 나타내는 조사계획서를 작성하여야 한다. 정부기관이나 민간단체에서 연구비를 지원받아 하게 되는 연구인 경우에는 갖추어야 할 일정 양식의 연구계획서가 제시되기도 하고, 기업에서 조사를 의뢰할 경우에도 일정 양식의 조사계획서가 있지만 일반적으로 조사계획서에는 다음과 같은 내용들이 포함되어야 한다.

조사계획서에는 조사의 목적과 필요성, 조사내용, 조사대상, 조사방법, 조사결과의 집계방법, 조사 분석방법, 조사결과의 보고방법, 조사일성, 조사 투입인원, 조사비용 등이 포함되어야 한다. 조사계획서의 일반적 양식을 예시로 나타낸 것을 참조하기 바란다.

조사일정은 조사방법과 내용에 따라 2주에서부터 3-4개월 정도 소요될 수도 있다. 예를 들어 사전선거여론조사를 위한 전화조사인 경우에는 설문지 작성이나 통계분석에 거의 시간이 소요되지 않기 때문에 2주 정도에 마칠 수 있지만, 면접조사인 경우에는 설문지 작성, 표본선정, 조사원 훈련, 본조사 그리고 자료입력과 분석에 대부분 1-2개월은 소요될 것이다. 특히 우편조사인 경우에는 응답자의 회신에 걸리는 시간을 고려한다면 3-4개월이 소요될 수도 있다. 그러므로 최종보고서 제출일을 고려하여 유연성 있게 일정표를 작성하여야 한다.

조사과정의 각 단계에는 적절한 비용이 필요하다. 예산을 고려하지 않고 너무 과욕을 부려서도 곤란하지만, 응답자 사례비용과 같은 꼭 필요한 경비를 누락하면 조사가 부실해질 수도 있으므로 계획단계에서 예산을 효율적으로 작성하여야 한다. 위에서 제시한 예산 양식은 총괄적으로 표현한 것이고, 실제로는 구체적으로 예산을 작성해야 된다. 구체적인 예산 내역서는 조사과정의 많은 세부사항을 알 수 있게 해준다.

구체적으로 예를 든다면 면접조사의 예산에는 포커스그룹 회의비, 설문지 초안 작성비, 설문지 사전조사비, 설문지 복사비, 표본추출 비용, 조사원 모집 및 훈련비, 조사원의 인건비, 응답자 사례품 비용, 자료입력 및 분석비용, 보고서 작성 비용, 예비비 등이 포함된다. 우편조사에는 포커스그룹 회의비, 설문지 초안 작성비, 설문지 사전조사비, 설문지 복사비, 표본추출 비용, 우송료(1차, 2차, 3차), 응답자 사례품 비용, 자료입력 및 분석비용, 보고서 작성 비용, 예비비 등이 포함된다. 전화조사에서는 포커스그룹 회의비, 설문지 초안 작성비, 설문지 사전조사비, 설문지 복사비, 표본추출 비용, 전화 조사원 모집 및 훈련비, 조사원의 전화면접 인건비, 자료입력 및 분석비용, 보고서 작성 비용, 예비비 등이 포함된다.

겉장	조사주제 · 조사자	참고 사항
본문	1. 조사목적 및 필요성	• 조사결과의 기여도 • 조사배경 또는 동향 등을 포함해도 좋음
	2. 조사내용	• 조사항목 • 이론적 모형 등을 포함해도 좋음
	3. 조사대상과 방법 3.1 조사대상 3.2 조사방법	• 모집단 • 표본크기 및 추출방법 • 집계방법 • 통계분석방법 • 결과 보고방법 등을 포함해도 좋음
	4. 조사일정과 예산 4.1 조사일정 4.2 예산	• 조사투입인원 • 사례품 등을 포함해도 좋음
별첨	참고문헌	• 선행조사 결과요약 등을 포함해도 좋음

〈그림 2.2.1〉 조사계획서 양식(예)

한국통계학회 조사통계연구회(1996)에 의하면 평범한 시민들을 대상으로 한 조사연구에서 표본의 크기를 400명이라고 했을 때 우편조사는 약 1600만 원(1인당 4만 원), 전화조사는 약 2000만 원(1인당 5만 원), 면접조사는 약 4000만 원(1인당 10만 원)이 소요된다고 예측하면서 면접조사의 비용이 가장 많이 들고, 대규모 조사보다 소규모 조사에서 응답자당 비용이 더 소요된다고 하였다. 고정비용인 회의비, 설문지 작성비, 통계분석비용 등을 제외하고 순수한 조사비용만 고려한다면, 일반적으로 전화 조사회사에 조사를 의뢰할 경우에는 한 표본당 약 2만

원이 소요되고, 인터넷 패널을 확보하고 있는 조사회사에 인터넷 조사를 의뢰할 경우에는 한 표본당 약 2천 원이 소요된다고 보면 된다.

조사 기간 : 2011. 9. 19 – 2011. 11. 18										
항목 및 주간	1주	2주	3주	4주	5주	6주	7주	8주	9주	
조사계획	────	──→								
설문지 작성			────	──→						
표본선정					→					
본조사						→				
자료분석							────	──→		
보고서 작성								────	──→	

〈그림 2.2.2〉 조사일정표 양식(예)

	항목	금액	산출근거	백분율
1	조사 활동비(회의비)			
2	조사원 인건비			
3	인쇄비(설문지, 보고서)			
4	공공요금 및 제잡비			
5	기타			
계				

〈그림 2.2.3〉 예산 양식(예)

우리나라에서 5년 주기로 실시하는 전수조사인 인구총조사의 예산은 얼마나 될까? 막대한 예산을 들여 실시하는 공공기관의 각종 조사에 우리는 어떻게 대응해야 될 것인가? 각종 연구를 위한 조사에서 우리가 표본으로 선정되었을 때 응답을 어떻게 해야 될까? 우리는 부메랑 현상을 기억하고 성실한 응답을 해야 할 것이다.

사례 1 **다음의 조사계획서를 검토하라.**

조사계획서

조사주제 : 소비성향과 소비패턴에서 대학생 남녀의 차이

1. 조사목적

대학생 남녀의 소비경향에 소비패턴의 차이가 있다고 생각된다. 이에 ○○대학교 재학생을 대상으로 하여 남녀 각각 100명씩 총 200명을 조사하고자 한다. 또한 더 나아가 소비의식의 차이까지도 비교분석 해보고자 한다.

2. 조사내용

전국의 모든 대학생을 조사하기는 어렵다고 판단되어 표본 집단을 ○○대학교로 선택하고 ○○대학교 남학생 100명과 여학생 100명을 무작위 추출한다. 그 후 그들에게 소비성향에 대한 설문지를 배부, 조사 후 통계를 내어 대학생의 소비성향에 대해 알아본다.

가. 조사지역 : ○○시

나. 대상 : ○○대학교 재학생 12,513명

다. 표본크기 : ○○대학교 남녀 학생 100명씩

3. 조사방법

가. 조사종류 : 설문지 조사

나. 표본추출방법 : 계통 추출법

다. 조사의 정확도 : 10% (신뢰수준 95%)

4. 조사결과의 집계방법

문항별 확률을 구한다.

5. 조사결과의 보고방법

범주형자료분석

6. 조사일정

	3월	4월				5월	
	1주	2주	3주	4주	5주	6주	7주
조사 계획	////	////					
설문지		////	////				
표본 추출			////				
본조사				////	////	////	
자료 입력						////	////
자료 분석							////
보고서							////

7. 조사 시 투입인원

   사회여론조사 3조 조원 12명

8. 조사비용

항목	비용
교통비	30,000
사례비	40,000
설문지 인쇄비	50,000
기타 잡비	80,000
총액	200,000

2.3 조사 방법

대표적인 설문지 조사방법으로는 면접조사, 우편조사, 전화조사 등이 있으며 나름대로의 장단점이 있다. 그러나 조사방법의 결정은 조사내용, 조사대상, 예산, 그리고 조사일정 등과 관계가 있으므로 일반적인 가이드라인을 제시할 수는 없다. 그러나 경우에 따라서는 다원적인 방법을 사용하는 것도 의미가 있으리라 생각된다. 예를 들어, 조사대상자의 1/2은 면접조사, 1/4은 우편조사, 나머지는 전화

조사를 하는 방법이다. 이렇게 조사를 하여 응답률과 응답에 대한 반응을 비교해 볼 수도 있다.

그 외의 조사방법으로 일종의 면접조사라고 볼 수 있는 자기식 조사(유치조사), 출구조사, 가두조사, 점두조사, 집단조사 등이 있으며, 최근에는 인터넷의 발달과 편의성 때문에 우편조사의 일종으로 볼 수 있는 인터넷 이용조사가 많이 사용되기도 한다.

(1) 면접조사

면접조사는 조사원이 면접을 통해 직접 응답을 얻는 방법이다. 응답의 기입은 조사원이 하는 경우와 응답자가 스스로 하는 경우도 있다. 면접조사의 장점은 어려운 질문에 대해서도 조사원의 보충 설명으로 더 정확한 응답을 얻을 수 있으며, 높은 응답률을 기대할 수 있다. 또한 노숙자나 범죄자들은 개인 면접 이외의 방법으로는 접근이 불가능하므로 면접조사를 할 수밖에 없다.

그러나 면접조사는 진행과정에서 비용이 많이 들 뿐만 아니라, 직접 만나서 조사를 하기 때문에 익명성과 비밀보장에 대한 의심으로 민감한 질문에 대한 응답을 회피할 수가 있다. 또한 현시대에는 모두가 바쁘기도 하고 범죄 등의 이유로 모르는 사람에게는 문을 열어주지 않는 경향이 있으므로 가구방문조사에서는 응답자의 호응을 받아내기가 점점 어려워지고 있다. 또한 앞에서 언급한 근자효과가 나타날 수도 있음을 유의해야 한다.

면접조사의 응답률을 높이기 위한 방법으로 주로 응답에 대한 사례품을 제공하는 것이 일반적이다. 그 이외에도 선정된 표본을 대상으로 사전에 예고 편지나 이메일 또는 문자전송을 보내거나 조사대상 지역에 널리 홍보를 하는 것도 한 방법이다. 예를 들어, 인구총조사와 같은 대규모 조사를 실시하는 경우에는 언론매체 광고, 플래카드, 포스터 등을 활용하기도 한다.

면접조사의 응답률을 높이기 위해서 가구방문조사는 어느 요일 어느 시간대에 하는 것이 좋을까? 허명회(1998)는 일반적으로 휴일 낮시간대가 가장 성공률이 높다고 하였다. 그렇다면 대학생들을 대상으로 면접조사를 할 경우에는 어느 요일 어느 시간대가 가장 좋을까? 요일과 시간대를 달리하여 조사해보자.

(2) 우편조사

우편조사는 조사 대상자들에게 설문지를 우편으로 보내고, 응답자는 자신이 설문지를 완성하여 조사자에게 우편으로 되돌려 보내는 방법이다. 우편조사의 장점으로는 조사원이 필요 없으므로 이에 소요되는 경비가 들지 않아 비용이 적게 들고, 응답자가 시간에 구애를 받지 않고, 개인적인 접촉이 없으므로 익명성과 비밀보장이 된다고 느껴 성실한 답변을 유도할 수 있다.

그러나 다른 방법보다는 응답률이 낮고 설문지가 돌아오는데 몇 주가 걸리므로 시간이 많이 소요되며 무응답 항목이 발생할 수 있는 단점이 있다. 즉 어려운 질문에 대해서 조사원의 설명이 없으므로 저학력 응답자인 경우에는 응답을 하지 않거나 아무렇게나 응답하는 경우가 발생하므로, 즉 저학력자들을 제외한 표본에서의 응답만 다루게 되므로 편의가 있을 수 있다. 또한 대리응답의 위험도 있으며, 앞에서 언급한 수위효과가 나타날 수도 있음을 유의해야 한다.

우편조사에서 응답률을 높이기 위해서는 설문지와 함께 인센티브도 제공하고, 어느 정도의 시간이 지나도 응답이 없을 경우에는 후속우편을 보내는 것이 도움이 된다. 우편조사에서 금전적인 인센티브로 우편환과 사례품을 생각할 수 있고, 비금전적인 방법으로 설문지를 예쁘게 만들거나, 반송우편용으로 기념우표를 넣어주거나, 예고 편지를 보내거나, 응답자에게는 조사결과를 우송해 주겠다는 약속을 하는 것도 인센티브로 볼 수 있다. 그냥 요금별납, 수취인 후납, 반송 엽서 등과 같이 아무런 인센티브도 없이 조사를 실시하는 것은 잘못된 행위로써 조사자에게도 별로 이득이 되지 못한다는 점을 염두에 두어야 한다.

여러분은 우편조사에서 어떤 인센티브를 받고 싶은가?

(3) 전화조사

전화조사는 조사원이 선정된 응답자에게 전화를 통하여 응답을 얻는 방법이다. 전화조사의 장점으로는 비교적 적은 비용으로 신속한 정보를 획득할 수 있고, 면접조사보다는 익명성이 더욱 보장되므로 심도 있는 질문을 할 수 있으며, 광범위한 지역에 대해서도 가능하다는 것이다. 최근에는 잘 훈련된 조사원을 확보한 전화조사 전문회사를 이용하여 각종 여론조사에 자주 사용되고 있다.

그러나 전화조사는 조사거절, 부재중전화 또는 응답중간에 전화를 끊어버리는 등 무응답의 비율이 높다. 또한 설문의 수를 적게 해야 하며, 어려운 설문이나 문장이 긴 설문은 피해야 하고, 응답자들이 속마음을 잘 나타내지 않아서 다른 조사에 비해서 신뢰성 있는 응답을 기대하기가 어렵다. 그러므로 전화조사는 간단한 사실에 대한 조사 정도 외에는 적합하지 않다.

전화번호부를 표집틀로 사용한 표본추출은 이주 빈도가 높은 응답자들이나 비등재를 원하는 응답자들을 소외시킴으로써 비표본오차가 발생할 수 있으므로, 최근에는 임의번호 걸기(random digit dialing: RDD)방식을 사용하고 있다. 예를 들면, 우리나라의 전화번호는 지역번호 3자리 국번호 3자리 가입자번호 4자리로 구성되어 있으므로 전국조사인 경우에는 먼저 앞의 6자리 번호를 1차 표집한 후에 나머지 4자리 번호를 임의로 정해 전화를 거는 방법이다.

비표본오차를 줄이기 위해서는 명확한 통화규칙을 정한 후에 조사를 실시하는 것이 바람직하다. 첫째 통화중인 경우, 전화를 받지 않는 경우, 자동응답기인 경우, 응답을 거절한 경우, 중도 탈락 등에 대한 재시도의 회수를 정해놓고 지켜야 한다. 예를 들어 미국의 갤럽에서는 최소한 2회 재시도를 한 후에 응답이 없을 경우에 예비 응답자로 넘어간다. 둘째 가구 내에 누구를 응답자로 선택할 것인가에 대한 규칙이 있어야 한다. 그렇지 못하면 가정주부가 대부분 응답할 우려가 있다. 조사기관들은 가장 최근에 생일이 있었던 사람으로 하는 유사 임의화 방법과 남녀/나이대 비율을 고려한 결정방법 중 한 방법을 쓰고 있다.

휴대폰 사용이 일반화됨에 따라 앞으로는 휴대폰 조사가 급증할 것으로 예측되고, 휴대폰 조사로는 직접 통화에 의한 전화조사나 또는 문자 발송과 문자 응답에 의한 조사가 있을 수 있다. 휴대폰 조사에는 어떤 장단점이 있을까? 전통적인 전화조사와는 어떤 점에서 차이가 있을까? 휴대폰 조사에서 임의번호 걸기 방식에서는 어떤 문제점이 있을까?

(4) 기타

일종의 면접조사라고 볼 수 있는 자기식 조사(유치조사)는 조사원이 대상자들에게 설문지를 나누어주고 수일 후에 회수하는 방법이다. 이 조사의 장점은 응답하는데 시간이 필요할 경우에 유용하며, 면접조사보다는 응답률을 높일 수 있다. 그러나 대리응답의 위험을 감수해야 한다.

가두조사나 점두조사는 길거리나 점포 앞에서 대상자를 선정하여 질문에 응답하게 하는 면접조사의 일종이라고 할 수 있다. 이 조사들은 설문에 응해 줄 사람을 만나는 것이 쉽지 않을 뿐만 아니라, 응답자들이 한쪽으로 치우칠 수가 있으므로, 어느 요일에 할 것인가, 어느 시간에 할 것인가 등에 대한 주의가 필요하고 특히 응답자 선정 규칙을 명확히 정해 놓고 하여야 한다. 예를 들어 백화점의 고객들을 대상으로 조사하는 경우에는 휴일 2시부터 4시 사이에 계산대를 통과하는 고객 중에 5명 간격으로 조사를 실시한다는 규칙을 정해 놓고 그대로 실시함으로써 비표본오차를 줄일 수 있을 것이다.

집단조사는 대상자들을 모아 놓고 설문지를 배부하여 그 자리에서 응답하게 하는 방법이다. 주로 학교에서 많이 사용하고 있으며, 최근에는 기업에서 제품 설명회를 개최하여 참석한 소비자들을 대상으로 설문을 실시하는데 많이 활용되고 있다. 한 번에 다수의 응답을 기대할 수 있으나, 다수의 응답자를 모이게 하는 준비 작업이 필요하다.

출구조사(exit poll)는 투표소, 백화점, 도서관, 시험장 등에서 나오는 사람들을 대상으로 출구에서 조사하는 방법이다. 앞의 점두조사에서 언급한 것과 같이 가능하면 계통추출을 하는 것이 좋다. 예를 들어 사전에 선거구의 투표소를 임의로 대표성 있게 선정한 후에 출구에서 투표를 마치고 나오는 매 10번째 사람을 대상으로 조사하는 것도 한 방법이다. 우리나라에서도 선거여론조사에 활용하고 있다.

최근에는 인터넷의 발달과 편의성 때문에 우편조사의 일종으로 볼 수 있는 인터넷 이용조사가 많이 사용되기도 한다. 인터넷을 이용하는 방법으로는 이메일을 사용하거나 홈페이지를 사용하는 방법이 있다. 인터넷조사는 시간과 비용 면에서는 매우 효율적이라고 볼 수 있으나, 응답자가 특정 계층에 국한 될 수 있는 문제점이 있다. 그래서 조사회사에서는 많은 패널을 확보하려고 노력하고 있으며, 앞으로 인터넷이 대중화된다면 가장 많이 활용될 것으로 추측된다.

2.4 본조사

본 조사의 실시는 조사 전체의 성패 여부를 결정할 수 있을 정도로 중요하다. 이미 결정된 표본추출방법에 의해 선정된 표본이 주어진 절차에 따라 정확히 지켜져야 하고, 조사의 목적에 따라 타이밍이 중요하므로 일정표에 있는 조사시기를 지켜야 한다. 또한 응답자의 사생활 보호와 불편이 없도록 배려되어야 한다. 특히 조사과정에서 윤리적으로 어긋나는 행위가 없도록 세심한 주의가 필요하다.

시험 조사(pilot survey)를 통하여 표본 절차에 따라 응답자를 잘 찾아 갈 수 있는지, 문항을 잘 이해할 수 있는지 등을 검토한 후에 본조사를 실시하는데, 그래도 혹 시험조사에서도 드러나지 않은 문제점이 발생할 수 있으므로 조사책임자와 연락할 수 있는 핫라인(hot-line)을 둘 필요가 있다. 핫라인은 조사자와 조사책임자, 응답자와 조사책임자 간에 할 수 있도록 한다. 설문지 겉장의 아래에 다음과 같은 문구를 삽입하는 것도 한 방법이다.

(겉장)

— 중략 —

본조사에 의문이 있으시면 연락하여 주시기 바랍니다.
전화 및 팩스번호 : 000-0000-0000
조사책임자 : ○○○

조사원의 훈련과 관리에서는 조사원들이 조사의 목적, 표본선정 절차와 표본의 중요성, 면접 방법, 자료의 관리 등을 충분히 이해하도록 해야 한다. 노련한 조사원의 경험담, 시험조사에서 찍은 동영상, 면접자와 피면접자의 역할 연습(role play) 등을 통하여 조사원의 역할을 잘 수행할 수 있도록 도와준다. 특히 첫인사를 잘 하도록 연습하여야 하는데, 첫인사에 포함되어야 할 사항으로는 조사원의 소속과 신원, 조사개요, 응답자로 선정된 경위, 소요시간, 답례품, 그리고 조사 자료는 통계처리된 결과로만 사용되므로 개인의 신상정보가 누출될 염려가 없음을 알려주어야 한다. 조사원에게는 충분한 수당, 적절한 조사일정, 그리고 상·벌을 명확히 할 필요가 있다.

조사의 신뢰도를 높이기 위하여 수집된 결과물 중에 일부를 재추출하여 상급조사자가 해당 응답자를 재면접하는 재검이 필요한데 약 1-2% 정도를 실시하는 것이 바람직하다. 이는 조사원들의 부정을 심리적으로 예방할 수 있다. 응답자에게는 사례를 하여야 하는데 각종 아이디어 상품을 예산의 범위 내에서 최선의 선택을 하여야 한다. 조사 후에 결과의 일부를 즉 요약을 보내주겠다는 약속도 일종의 사례로 볼 수 있다. 왜냐하면 응답자는 자신의 견해와 남들의 견해를 비교해보는데 관심이 있을 수도 있기 때문이다. 특히 패널조사에서는 응답자 사례에 신경을 써서 중도 탈락률을 가능한 줄여야 한다.

제 3 장 설문지

3.1 설문지 작성의 기본지침

여론조사를 계획할 초기단계에 조사목적, 조사대상의 선정, 조사방법, 일정 등을 포함한 조사계획서를 작성하여야 하며 이를 토대로 구체적인 설문지 작성과 문항 선정을 하여야 한다. 일반시민의 태도조사를 위한 설문지 작성과정은 다음과 같다.

첫 번째 단계에서는 주제의 범위를 정의한다. 조사를 계획할 때 조사의 필요성과 목적을 분명히 인식하고 측정하고자 하는 태도를 명확히 정의하고 그에 따른 내용의 영역을 설정한다. 이를 위하여 선험 연구결과에 대한 문헌조사를 포함하여 8명 내외의 의견수렴집단, 즉 포커스 그룹(focus group)을 구성하여 세부적인 목적과 내용을 개발한다.

두 번째 단계에서는 초기문항을 작성하여 본다. 태도를 구성하는 내용의 영역별로 적어도 5문항 이상 작성하여야 하며(Bohrnstedt, 1970), 에드워드(Edward, 1957)가 제시한 14개의 기준을 참조하여 한쪽으로 편향 될 수 있는 설문이나 유도성 설문 그리고 모호하거나 심리적 부담을 주는 추측성 또는 감정성 설문은 배제하여야한다.

세 번째 단계에서는 작성된 초기문항에 대해서 예비 테스트(pilot test)를 실시한다. 예비테스트를 위한 표본을 선정하고 이들 표본에 대해서 관리 조사(administer survey)하여 자료를 수집한다. 이때 표본은 설문조사 경험이 많은 각계의 전문인들과 일부 일반인들을 대상으로 하며, 추후 완성된 설문에 대한 응답을 위해 관리되어야 한다.

네 번째 단계에서는 예비 테스트를 통하여 수집된 자료를 분석하여 문항을 선정한다. Adjusted Item-Total Correlation의 계산, Evaluative Quality(EQ)의 조사, Domain Representation의 선정, Positive-Negative Balance, 신뢰계수(reliability coefficient)의 계산을 통하여 최종 문항을 선정하고 수정 보완한다. Adjusted Item-Total Correlation값은 특정문항의 점수와 그 점수를 제외한 전체 점수의 상관계수를 구한 것으로 이 값이 0.30 이상인 문항을 선정한다(Calhoun, 1988). Evaluative Quality(EQ)는 응답자의 긍정적 또는 부정적 감정의 정도를 적절히 반영하고 있는지를 조사하기 위한 것으로 평가기준은 5점 척도인 경우에는 각 문항의 평균값이 2.5에서 3.5 사이, 표준편차는 1.0에서 1.5 사이 그리고 중간항의 비율이 25% 이하인 경우에 좋은 문항으로 간주한다. 태도를 구성하는 내용을 중요성을 감안하여 영역별로 문항을 선별하는 작업이 Domain Representation이다. Positive-Negative Balance는 전체 문항의 구성이 가능하면 긍정적 문항과 부정적 문항을 동등하게 배분하여 문항이 편중되는 것을 방지하기 위한 것이다. 신뢰도(reliability) 분석은 보통 신뢰계수 크론바하 알파값을 계산하여 0.7 이상이면 신뢰도가 있는 것으로 판정한다. 문항의 신뢰도 분석은 제10장 10.2절을 참고하기 바란다.

다섯 번째 단계에서는 선정된 문항에 대해서 본조사를 실시하고 분석한다. 최종 선정된 설문문항에 대해서 본조사를 실시하고, 네 번째 단계의 과정을 통해 다시 한번 더 문항에 대해 검토한다. 또한 인자분석(Factor Analysis)을 통하여 문항들의 주 요인이 무엇인지 밝혀 당초 설정한 영역들의 타당도를 검증한다. 그리고 이미 차이가 있는 것으로 알려진 그룹들 사이에 통계적 유의성이 있는지 검증한다. 문항의 타당도 검증은 제10장 10.1절을 참고하기 바란다.

여섯 번째 단계에서는 중형 설문과 소형 설문을 개발한다. 다섯 번째 단계를 통하여 얻은 태도에 대한 측정도구를 광범위하게 사용하기 위해서는 조사대상이나 시간을 고려하여 더욱 간편하게 측정할 수 있도록 문항을 축소하여 설문지를 중형과 소형으로 재구성해 둘 필요가 있다. 이 경우에는 다음의 네 가지 기준을 적용하여 작성하는 것이 좋다. (1) 모든 영역이 대표되어야 한다. (2) 긍정적 부정적 문항의 수가 동일하여야 한다. (3) Adjusted Item-Total Correlation 값이 높아야 한다. (4) Evaluative Quality(EQ)를 확보해야 한다.

위에서 언급한 여섯 단계를 통하여 설문지를 완성하면 어느 정도 설문지 문항의 신뢰성과 타당성이 보장된다고 볼 수 있으며, 우리가 목적하였던 태도의 측정이 가능하리라고 본다.

3.2 설문지의 구성과 문항형식

설문지는 겉장, 본조사 항목, 응답자의 인적사항으로 구성된다.

겉장에는 조사배경과 목적, 응답의 협조 인사말, 조사결과가 통계적 형태로만 쓰이고 응답자의 신원은 드러나지 않는다는 비밀유지에 대한 글, 조사주관자의 신원 등이 포함되어야 한다. 본조사 항목은 전체적인 윤곽 아래 세부적으로 설문의 형식을 고려하여 잘 배치하여야 한다. 응답자의 인적사항은 성별, 나이, 주거지, 교육수준, 직업, 또는 사회적 지위, 소득수준 또는 경제적 지위, 문화적 성향 등 인구 통계적 배경에 대한 설문으로써, 항목별 반응을 범주에 따라 분할하여 비교하는데 도움이 되고 또한 조사된 표본이 모집단을 대표하는지 검토하는데 도움을 준다.

설문의 형식은 ① 하나 선택형(또는 여럿) ② 여러 선택 후에 순위화 ③ 설문에 대해 동의하는 정도를 등급화 ④ 주어진 주제에 대한 응답자의 의견을 자유롭게 진술 즉 개방형 질문 등이 있다. 3점, 5점, 7점, 9점 척도 등 등급화 설문인 경우에는 동양적 사고 문화에서는 부정적 의사를 뚜렷하게 표현하는 것을 기피하여 중간 항을 선택하는 경향이 있으므로 오히려 4점, 6점, 8점 척도를 고려한 것도 한 방법이다.

예 1 하나 선택형

당신이 좋아하는 음료는 무엇입니까?
① 사이다 ② 콜라 ③ 환타 ④ 스포츠음료 ⑤ 기타

예 2 여러 선택 후에 순위화

역대 대통령 중에서 당신이 선호하는 세 명을 선택하여 순위로 나타내시오.			
① 이승만	② 윤보선	③ 박정희	④ 전두환
⑤ 노태우	⑥ 김영삼	⑦ 김대중	⑧ 노무현
순위 : 1순위 ( ) - 2순위 ( ) - 3순위 ( )			

예 3 설문에 대해 동의하는 정도를 등급화

대통령 투표에서 다음 항목 각각에 대하여 당신이 중요하다고 생각하는 정도는?

	아주중요	중요	보통	중요않음	전혀중요않음
(1) 학벌	____	____	____	____	____

예 4 개방형

일반적으로 대통령이 갖춰야 할 리더십 덕목으로 가장 중요한 것은 무엇이라 생각하는가?
( )

3.3 유의사항

설문지는 응답자가 산뜻하게 보이고, 문법적으로 올바른 문장이어야 하며, 응답자가 쉽게 이해하도록 편집하고 인쇄하여야 한다.

그리고 설문조사에서 분기 논리를 추가하여 특정 질문에 대한 응답에 따라 설문 조사가 변경되도록 할 수 있으며, 이 경우 이에 대한 친절하고 정확한 안내가 있어야 한다. 다음 예의 경우, 문항 7에서 ①의 응답자는 문항 7-1과 문항 7-2 그리고 문항 8에 응답하고, 문항 7에서 ②의 응답자는 해당하지 않는 문항은 건너뛰고 문항 8에 응답할 수 있도록 문항이 분기될 때 설문번호의 지시가 정확하게 매겨지도록 설문지를 편집한다.

예 **다음 두 가지 예에서 응답자들이 이해하기 쉬운 설문은 어떤 것인가?**

7. 현장체험 봉사에 참여한 경험이 있는가?
   ① 있다. ( ) → 문항 7-1로
   ② 없다. ( ) → 문항 8로

7-1. 현장체험 봉사에 참여한 경험이 있다면 봉사시간은? ( )
   ① 8시간 이상 ② 20시간 이상 ③ 40시간 이상 ④ 100시간 이상

7-2. 현장체험 봉사에 참여한 느낌은? ( )
   ①… ②… ③… ④…

8. 제안하고 싶은 "체험형 프로그램"을 적어주십시오. ( )

---

7. 현장체험 봉사에 참여한 경험이 있는가?
   ① 있다. ( ) → 문항 7-1로
   ② 없다. ( ) → 문항 8로

(문항 7에서 ①로 응답한 경우에 한하여)

7-1. 현장체험 봉사에 참여한 경험이 있다면 봉사시간은? ( )
   ① 8시간 이상 ② 20시간 이상 ③ 40시간 이상 ④ 100시간 이상

7-2. 현장체험 봉사에 참여한 느낌은? ( )
   ①… ②… ③… ④…

(수고하셨습니다. 문항 8번으로 계속 됩니다)

8. 제안하고 싶은 "체험형 프로그램"을 적어주십시오. ( )

3.4 사례

설문지 모음과 조사결과의 사례는 다음 사이트를 참조하기 바란다.

한국갤럽 http://www.gallup.co.kr

국가통계포털 http://kosis.kr

사례 1 다음은 한 조사 설문지의 겉장이다. 겉장의 구성과 형식을 검토해 보자.

수업목적 저작물 이용 실태 조사 설문지

교수님의 건강과 안녕을 기원합니다.

대학에서 수업 중 교수님들께서 활용하시는 '수업 목적 저작물 이용'과 관련하여 문화체육관광부가 '수업 목적 이용 저작물 보상금 제도(이하 수업 목적 보상금 제도)'를 고시하였습니다.

이 제도는 대학 등 학교의 수업 과정에서 도서, 음악 등 저작물의 일부를 이용히는 경우에 지작권자의 사전 이용 허락을 받지 않고도 이를 이용할 수 있도록 하되, 대학별로 학생 1인당 일정 금액을 매년 문화체육관광부 장관이 지정하는 보상금수령단체인 "(사)한국복사전송권협회"에 납부하도록 하는 제도입니다.

현재 수업 목적 보상금 제도에 대한 충분한 의견 수렴 및 논의가 이루어지지 않은 채 보상금 기준이 고시되었기에 실제 대학의 강의 실태를 파악하고자 합니다.

이 설문지는 대학 강의에서 수업 목적 저작물 이용과 관련된 현황을 조사하기 위해 마련한 것으로 교수님께서 연구 및 강의로 인하여 매우 바쁘실 것으로 사료되지만, 본 연구의 중요성을 감안하시어 설문 문항에 진지하게 응답하여 주시면 감사하겠습니다. 아울러 이 설문지는 오직 연구의 목적 이외에는 다른 어떤 용도로 사용되지 않으며, 개별 응답자의 비밀은 절대적으로 보장된다는 것을 알려 드립니다.

○ ○ ○ ○ ○ ○

※ 문의처 : ○○○○○○○○○○○○

전화: 00-0000-0000　　이메일: ○○○○○○○○○○

사례 2 다음은 한 조사 설문지이다. 설문지의 구성과 형식을 검토해 보자.

ㅇㅇ대학교에 재학중인 남녀학생들의 소비성향 및 소비의식 조사

<table>
<tr><td>

안녕하세요, 저희는 ㅇㅇ대학교에 재학 중인 학생들입니다.

이번 학기 교양과목인 '사회여론조사'의 과제로서 ㅇㅇ대학교 남·녀 학생들의 소비성향과 소비의식의 차이에 대하여 조사하게 되었습니다.

본 설문지는 (20)문항이며 약 (5)정도 소요될 것입니다. 바쁘시더라도 다음 설문에 정성껏 답해주시면 고맙겠습니다. 아울러, 학우님께서 응답해주신 사항들은 '절대 비밀'로 보장되며 통계분석 목적으로만 사용될 것입니다.

2011년 5월

김나래 하효정 정미영 박현아 허선숙 유선영
강승모 이경현 권정하 황수현 강민재 김태형

ㅇㅇ대학교 사회여론조사 3조

</td></tr>
<tr><td>지도교수 : ㅇ ㅇ ㅇ</td></tr>
</table>

ㅇ ㅇ ㅇ ㅇ ㅇ ㅇ

※ 문의처 : ㅇㅇㅇㅇㅇㅇㅇㅇㅇㅇㅇ

전화: 00-0000-0000 이메일: ㅇㅇㅇㅇㅇㅇㅇㅇㅇ

◉ 다음은 소비성향에 관한 내용입니다.

1. 당신은 쇼핑을 어느 정도 하십니까?
   ① 월 1회 미만 ② 월 1~2회 ③ 월 3~4회 ④ 월 5회 이상

2. 당신이 선호하는 쇼핑 장소는 어디입니까?
   ① 전통시장 ② 도소매가게 ③ 대형마트
   ④ 홈쇼핑 ⑤ 인터넷 ⑥ 기타( )

3. 당신이 생각할 때 가장 많이 지출하는 것은 무엇입니까?
   (순위대로 번호를 매겨주십시오.)

① 패션(의류, 화장품, 액세서리)	② 준비물(도서, 학용품)	
③ 식비	④ 술, 담배	⑤ 기타

1순위 (　　　　)　　2순위(　　　　)　　3순위(　　　　)

질　문	매우아니다	아니다	그렇다	매우그렇다
4. 물건 구매 시 모아온 쿠폰이나 적립 포인트를 사용하는 편이다.	1	2	3	4
5. 식사를 하고 자신이 계산을 하는 편이다.	1	2	3	4
6. 비싼 것 하나 갖는 것보다 싼 것을 여러 개 갖는 편이다.	1	2	3	4
7. 생활하는데 다소 불편하더라도 옷의 모양이 좋으면 구매한다.	1	2	3	4
8. 테이크 아웃 커피에 쓰는 돈이 아깝지 않다.	1	2	3	4
9. 공강 시간에 문화 활동을 하러 간다. (당구, 피시방 등)	1	2	3	4

◉ 다음은 소비의식에 관한 내용입니다.

1. 용돈은 한 달에 얼마나 받으시나요?
   ① 없음　② 10만 원 미만　③ 10~20만 원 미만
   ④ 20~30만 원 미만　⑤ 30만 원 이상

2. 용돈을 제외한 수입이 있으신가요?
   ① 없음　② 아르바이트　③ 기타 (　　　　)

3. 만약에 돈이 생긴다면 어디에 사용하고 싶은가요?
   ① 자기개발비　② 재테크　③ 의류비
   ④ 식비　⑤ 유흥비　⑥ 기타

질 문	매우아니다	아니다	그렇다	매우그렇다
4. 가계부를 작성한다.	1	2	3	4
5. tv광고가 자신의 소비에 영향을 미친다.	1	2	3	4
6. 상품을 사기 전에 여러 상점에서 가격을 비교해본다.	1	2	3	4
7. 갖고 싶은 물건이더라도 필요한 물건이 아니면 사지 않는다.	1	2	3	4
8. 정기적으로 저축을 하고 있다.	1	2	3	4
9. 구입 전에 구매 목록 작성한다.	1	2	3	4
10. 경제관련 뉴스나 서적을 보고 있다.	1	2	3	4
11. 물건 구매 시 가격 흥정을 한다.	1	2	3	4

◉ 다음은 응답자의 인적사항에 관한 내용입니다.

1. 당신의 성별은 무엇입니까? ① 남 ② 여

2. 어느 과 몇 학년이세요? ( )계열 ( )학년
   ① 인문계 ② 자연계 ③ 예체능계

3. 당신의 종교는 무엇입니까?
   ① 천주교 ② 기독교 ③ 불교
   ④ 기타 ⑤ 없다

4. 지금 사는 곳이 어디입니까?
   ① 자기집 혹은 친척집 ② 하숙 ③ 자취
   ④ 기숙사 ⑤ 기타( )

5. 결혼의 유무 ① 결혼 ② 미혼

감사합니다.

제 4 장 표본조사

4.1 개요

표본조사가 체계적이고 과학적인 방법으로 이루어져야 한다는 것은 객관성과 반복성을 만족해야 된다는 것을 의미하는데 어느 누가 되풀이하여 조사하여도 결과가 같아야 한다는 말이다. 이를 위해서는 무엇보다도 표본이 확률적으로 추출되어 대표성을 가져야 할 뿐만 아니라 조사 결과에 대한 통계적 추론이 가능해야 한다. 그러나 대부분의 표본조사가 편의표본을 사용함으로써 그 결과에 대한 신뢰성을 떨어뜨릴 뿐만 아니라 이를 토대로 잘못 된 의사결정을 내릴 수 있으며, 더 나아가 표본조사의 불신을 초래하고 있다.

예를 들어 학교에서 어떤 정책을 입안하기 위하여 학생들의 의견을 수렴하고자 할 때 인터넷조사를 함으로써 인터넷을 잘 사용하지 않는 학생들의 의견은 배제된다든지, 종교적인 문제를 조사하면서 기독교학생들만 조사한다든지, 학생 식당에 대한 의견을 묻기 위해서 어느 하루를 정해 식당에서 나오는 학생 몇 명에게만 조사를 했다면 그날 식당에 오지 않은 학생들의 의견은 배제되고 또한 그날의 음식에 많은 영향을 받게 되는 조사 결과를 초래하게 됨으로써 표본조사에 대한 불신을 받을 수밖에 없을 것이다.

4.2 표본의 크기

표본조사에서 통계적 신뢰성이란 조사결과의 재현성에 관한 것으로 조사방법과 표본크기에 의하여 영향을 받는다. 조사대상 전체를 조사한 것이 아니라 일부 즉 표본을 조사한 경우 표본 결과치와 전체 조사치 사이에는 차이가 있다. 그 차이를 과학적으로 관리하기 위해서는 표본이 정해진 확률적 방식에 의하여 구성되어야 한다. 표본을 확률적 방식으로 구성하는 문제는 4.3절에서 다루기로 하고 본 절에서는 통계적 신뢰성과 그에 따른 표본크기에 대하여 논의하고자 한다.

표본의 크기를 결정하는데 있어서 고려해야 할 사항은 크게 두 가지로 볼 수 있다. 첫째는 조사 수행의 인적·물적 자원이고, 둘째는 조사의 정확성 수준이다. 이들은 상호 관련된 요인으로써 통계적 신뢰수준과 신뢰구간의 개념과 연관되어 있다. 보통 신뢰수준으로 95%를 사용하고 있는데 이때의 오차한계는 신뢰구간 크기의 반을 나타내는데 이것이 표본조사의 정도(accuracy)를 의미한다.

일반적으로 조사결과가 비율을 계산하는 경우에는 신뢰수준 95%에서의 표본오차 또는 오차한계는 단순임의추출인 경우 최대 $\pm 2 \cdot \sqrt{0.5^2/n}$, 즉 $\pm 1/\sqrt{n}$로 주어지는데, 실제 여론조사에서는 단순임의추출법이 적용되는 것이 아니기 때문에, 원칙적으로는 이 공식을 그대로 쓸 수는 없다. 그러나 각 표본 방식에 따라 표본 오차를 엄밀하게 계산하더라도 이것과 거의 비슷하기 때문에 앞의 공식을 별 문제 없이 쓸 수 있는 것으로 알려져 있다. 예를 들어 표본크기가 $n=1600$인 조사에서 오차한계는 $\pm 1/\sqrt{1600} = \pm 1/40 = \pm 0.025$ 즉 2.5%가 된다.

그러나 ㅇㅇ대학교 학부 학생을 모집단으로 했을 경우에는 유한모집단이 되므로 오차한계를 계산할 때 유한모집단의 수정항을 포함한 다음의 공식을 사용해야 한다.

$$\pm 1.96 \times \sqrt{p(1-p)/n} \times \sqrt{(N-n)/(N-1)} \qquad (2.1)$$

식 (2.1)에서 $p=0.5$를 대입하고, 입학정원을 기준으로 모집단의 수를 $N=15,160$으로 해서 구한 최대오차한계는 [표 4.2.1]과 같다.

[표 4.2.1] ○○대학교 모집단에서 표본크기에 따른 비율에 대한 오차한계

표본크기	오차한계	표본크기	오차한계	표본크기	오차한계	표본크기	오차한계
100	9.8%	400	4.8%	700	3.6%	1000	3.0%
150	8.0%	450	4.5%	750	3.5%	1100	2.8%
200	6.9%	500	4.3%	800	3.4%	1200	2.7%
250	6.1%	550	4.1%	850	3.3%	1300	2.6%
300	5.6%	600	3.9%	900	3.2%	1400	2.5%
350	5.2%	650	3.8%	950	3.1%	1500	2.4%

4.3 표본추출방법

통계적 신뢰성의 관점에서 4.2절에서 다룬 표본크기가 매우 중요하지만 그것으로는 표본의 대표성에 대한 타당성을 결정할 수는 없고, 표본 추출이 체계적으로 명확한 방법에 근거하여 이루어졌는지 평가하여야 한다. 본 절에서는 과학적인 표본 선정 방법에 대해 논의하고자 한다. 표본 추출을 위하여 먼저 고려해야 할 사항은 목표모집단(population)이다. 목표모집단은 연구자가 잠정적으로 그의 연구에 적용하기 위해 가정한 이론적인 모집단이다. 즉 목표모집단은 연구자가 연구의 결과가 일반화되기를 희망하는 이론적인 모집단으로서 ○○대학교 학부학생들의 의견을 분석하기 위한 연구인 경우에는 ○○대학교 학부학생 전부가 목표모집단이 된다.

목표모집단의 설정은 연구의 목표나 목적을 개념화하기 위하여 사용되지만 실제 표본을 선정하는데는 조사모집단(working population)을 고려한다. 조사모집단은 목표모집단과 실제 표본사이의 중간단계에 놓인 것으로 목표모집단의 가능한 모든 대상을 완벽한 명부로 작성함으로써 읻는 표본 추출들(sampling frame)이라고 한다. 본교를 예로 든다면 재학중인 학부학생들의 학번을 표본 추출틀로 사용할 수 있을 것이다.

표본추출방법으로는 확률추출법(probability sampling)과 비확률추출법(non-probability sampling)으로 구분할 수 있는데 본 연구에서는 확률추출법을 고려한

다. 확률추출법은 조사모집단을 구성하고 있는 추출단위가 표본으로 선정될 확률이 알려진 경우이다. 확률표본의 특성은 모든 추출단위가 표본으로 선정될 확률이 모든 단계에서 동일하고, 서로 독립적이어야 한다. 확률추출법으로는 단순임의추출법(simple random sampling), 층화임의추출법(stratified random sampling), 집락추출법(cluster sampling), 그리고 계통추출법(systematic random sampling) 등이 있다.

단순임의추출법은 확률추출법의 기본으로 모든 추출단위가 표본으로 뽑힐 가능성이 동일하다는 조건하에서 추출하는 방법이다. 이때 표본으로 선정되는 추출단위가 한쪽으로 치우침이 없이 임의로 뽑아야 한다. 임의성을 유지하기 위하여 난수표를 이용하거나 컴퓨터에서 난수발생프로그램을 사용하기도 한다. 계통추출법은 표본추출단위에 순서를 정해서 표본크기에 따라 일정한 간격을 두고 표본을 선정하는 방법인데, 조사모집단에 일련의 번호를 매기거나 난수표를 이용하기 곤란한 경우에 사용한다.

층화임의추출법은 조사모집단의 추출단위를 층(strata)으로 나누어서 각 층에서 확률표본을 얻는 것이다. 예를 들어 학년을 층으로 볼 수도 있고, 계열을 층으로 볼 수도 있을 것이다. 집락추출법은 다단추출법(multistage sampling) 또는 지역추출법이라고도 한다. 모집단을 대표할 수 있는 여러 개의 집락으로 구분하고, 집락을 표본 추출단위로 생각하여 확률표본하는 방법이다. 1차 추출단위는 연구 목적에 맞게 개별단위를 집락으로 만든 것이다. 이 집락들은 잘 분류된 모집단의 부분집합으로서 모집단의 특성이 잘 반영되도록 구성되어야 한다. 예를 들어 3단 집락추출법을 사용하여 표본을 선정하는 방법은 각 학부들이 1단계 집락이 되고, 뽑혀진 학부에서 2단계 집락은 전공이 되고 마지막으로 3단계에서는 선정된 전공에서 학생들을 표본추출한다.

실제로는 허명회(1999)가 언급했듯이 이들 추출방법들이 개별적으로 사용되는 것이 아니라 서로 결합된 방식으로 사용된다. 대표적으로는 층화 집락 임의추출법이 많이 쓰이고 집락이 3단이면 층화 3단 집락추출법(stratified three stage cluster sampling)이라고 한다. 대구가톨릭학교 학생들을 대상으로 조사할 경우에도 조사모집단의 전체 리스트를 구하는 것이 불가능하지는 않지만 이를 표본추출틀로 사용하여 단순임의추출하는 것이 쉬운 일은 아니다. 표본 선정은 난수발생

프로그램을 통하여 쉽게 할 수 있으나 선정된 학생을 찾는 과정이 쉽지 않을 것이다. 그러므로 층화 집락 임의추출법을 사용하는 것이 적절할 것이다.

4.4 사례

ㅇㅇ대학교 학부학생을 목표모집단으로 했을 때 조사모집단은 재학중인 학생들로써 표본추출틀을 재학중인 모든 학생들의 학번으로 생각할 수 있다. 2003학년도의 학번체계를 살펴보면 학번은 8자리로 구성되어 있고 1-2자리는 입학년도를, 3자리는 대학생 대학원생 구분을, 4-7자리는 순번으로 학부 구분 없이 4자리 숫자로 그리고 마지막 자리는 학번 체크 1자리로 되어 있다. 이를 토대로 가상적인 조사모집단의 목록을 작성한다면 [표 4.1]과 같다.

[표 4.4.1] 단순임의추출을 위한 표본추출틀(학번체계 기준)

학년	학번 목록
1학년	2310001* 2310002* 2313789* 2313790*
2학년	2210001* 2210002* 2213789* 2213790*
3학년	2110001* 2110002* 2113789* 2113790*
4학년	2010001* 2010002* 2013789* 2013790*

난수발생프로그램을 사용하여 표본추출틀 [표 4.4.1]에서 학년을 층으로 해서 표본크기 100인 층화임의추출 표본은 [표 4.4.2]와 같다.

그러나 학번에 단대, 학부, 전공에 대한 구분이 없으므로 실제로 사용하기에는 불편이 많다. 계통추출법을 고려한다면 2310011*부터 150을 차례로 더한 번호로써

1학년 : 2310011 2310161 2310306 .... 25명,
2학년 : 2210063 2210213 2210358 ... 25명,
3학년 : 2110075 2110220 2110365 .... 25명,
4학년 : 2010050 2010195 2010340 ... 25명

를 표본 선정하면 된다. 그러나 마찬가지로 학생을 찾는 것이 어려워 실제로 이용하기에는 무리가 있다.

[표 4.4.2] 층화임의추출에 의한 표본크기 n=100인 표본(층: 학년)

2310011	2210263	2110270	2010245	2312116	2212655	2112292	2011922
2310105	2210284	2110498	2010620	2312187	2212656	2112381	2012004
2310151	2210385	2110708	2010768	2312202	2212731	2112573	2012027
2310441	2210426	2110846	2010800	2312244	2212740	2112641	2012106
2310862	2210582	2111282	2010828	2312363	2212814	2112770	2012124
2310962	2210723	2111348	2010981	2312517	2212826	2112825	2012248
2311078	2210829	2111424	2011483	2312615	2212880	2112977	2012449
2311499	2211253	2111720	2011519	2312617	2213286	2112993	2012522
2311532	2211269	2111736	2011520	2312709	2213417	2113313	2013185
2311598	2211732	2111863	2011607	2312864	2213433	2113343	2013310
2311644	2212294	2111890	2011666	2313389	2213470	2113438	2013376
2311803	2212442	2112189	2011681	2313450	2213494	2113494	2013459
2311899	2212494	2112261	2011749				

층화 3단 집락추출법으로 표본을 선정하는 과정은 다음과 같다. 단과대학을 층으로 하여 크기에 비례하여 표본 수를 결정하면 [표 4.4.3]과 같은데 이를 이용하여, 1단계 집락으로 전공을 생각하고 2단계 집락으로는 학년을 3단계 추출로는 학생을 하면 될 것이다. 예를 들어 인문대에서 20명을 추출하는 과정은 먼저 5개 전공 중에 2개 전공를 임의로 선정하고 선정된 전공에서 2개 학년을 임의로 선정하여 선정된 전공의 학년을 찾아가서 5명씩 즉 2(학과)×2(학년)×5(명)=20명을 추출하면 된다. 5명의 선정은 예를 들어 국어국문학과의 2학년 5명은 대부분의 학생이 수강하는 과목의 출석부나 강의실의 책상에 일련번호를 부여하여 난수표를 이용하여 선정하면 된다.

여기서는 ○○대학교 학부학생들을 모집단으로 했을 때 표본크기에 따른 오차한계와 표본추출방법 그리고 실제적인 표본을 예시함으로써 각종 표본조사에 활용 할 수 있도록 하였다. [표 4.2.1]을 활용하여 오차한계에 따라 표본크기를 결정할 수 있다. 예를 들어 오차한계를 10% 정도로 생각한다면 표본크기가 100명 정도면 충분하고, 오차한계를 5%로 한다면 400명을 표본추출하면 될 것이다. 표본 추출 방법으로는 여러 가지 점들을 고려하여 층화 3단 집락추출법이 가장 적절한 방법으로 볼 수 있으며, 4절에서 설명한 과정을 통하여 표본을 선정할 수 있으리라 기대된다. 또한 표본조사결과를 발표할 경우에는 모집단, 표본크기, 표본추출방법, 접근방법, 조사시기, 오차한계 등을 명시하여 결과를 신뢰할 수 있도록 하여야 할 것이다.

그 외에 비확률추출법으로 보행자조사법, 유의표본, 눈덩이추출법, 할당추출법 등이 있으며, 이 경우에는 표본과 관련한 오차한계를 추정할 수는 없다. 그러나 이런 결점에도 불구하고 확률표본 선정방법이 덜 복잡하므로 비용과 시간 소모가 적게 드는 장점이 있다. 이에 대한 내용은 L.M. Rea(1998)을 참고하기 바란다.

[표 4.4.3] 층화 비례 임의추출법의 표본크기

번호	단과대학	전공	정원	표본수	표본수
1	인문	5개(40명)	800	5	20
2	외국어	8개(50명), 3개(40명)	2080	14	55
3	자연	9개(50명), 4개(40명)	2440	16	65
4	공과	6개(40명), 140명, 60명	1760	12	46
5	의과	2개(40명)	320	3	8
6	사회	6개(40명), 3개(50명)	1560	10	42
7	법정	3개(60명), 120명,	1200	6	30
8	경상	180, 80, 60, 50	1480	10	40
9	가정	3개(50명)	600	4	15
10	약학	50	200	2	6
11	사범	5개(30명), 20명	680	5	18
12	음악	3개(40명), 2개(30명)	720	5	18
13	미술	4개(40명), 2개(60명)	1120	6	30
14	신학	20명, 30명	200	2	6
계			15160	100	400

PART 02

SPSS 통계분석

제 5 장 통계학의 기본개념
제 6 장 자료의 입력과 관리
제 7 장 자료의 요약
제 8 장 집단간 차이 분석
제 9 장 회귀분석
제 10 장 타당도와 신뢰도

제 5 장 통계학의 기본개념

5.1 통계학이란?

통계학(statistics)은 객관적인 판단을 내리기 위하여 자료를 효율적으로 수집하고 정리 요약하거나, 제한된 자료를 이용하여 불확실한 사실에 대하여 과학적인 판단을 내릴 수 있도록 여러 가지 방법을 제시하여 의사결정에 도움을 주는 학문이다. 인구나 경제와 관련된 자료를 수집하고 요약하여 국가의 상태를 알아보기 위해 즉 국가산술(status arithematics)의 의미에서 시작하였으나, 현재에는 의사결정과학(decision making science)으로 발전하였다.

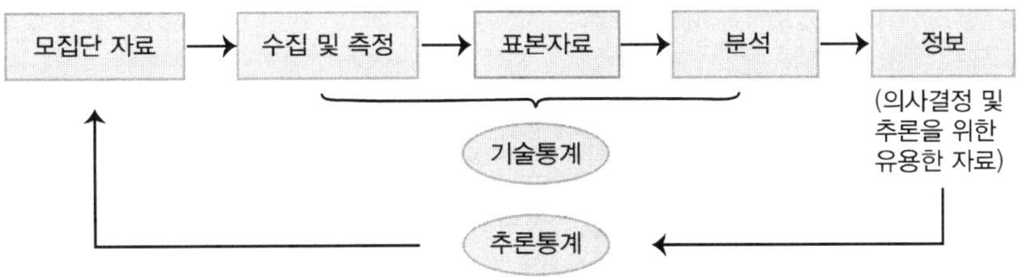

〈그림 5.1.1〉 통계학의 정의

통계학은 일상생활과 사회의 여러 분야에 걸쳐 그 응용이 매우 다양하다. 다음의 예를 살펴보자.

- 선거여론조사 : 각종 선거에서 정당이나 언론기관이 표본조사를 통하여 정당 선호도나 후보자의 당선을 예측한다.
- 각종 사회여론조사 : 대통령 지지율, 정당 지지율, 4대강사업에 대한 여론조사, 환경의식조사, 각종 정책에 대한 여론조사 등.
- 농업 통계 : 벼 품종 개발, 가축과 사료, 쌀 수확량 예측 등.
- 공업 통계 : 품질 관리(6-시그마법), 불량품 예측 조사, 제품의 우수성 조사 등
- 그 외 교육 통계, 스포츠 통계, 의학 통계, 국가 통계 등.

자료를 수집하는 방법으로는 실험을 통하여 자료를 얻는 실험계획법(experiment design)과 모집단에서 표본을 추출하여 자료를 얻는 표본추출법(sampling)이 있다. 자료를 수집한 후에 정보를 파악하기 위하여 자료의 대푯값이나 산포도 등을 구하고, 그림을 통하여 자료의 특징을 파악하는 기술통계학(descriptive statistics)과, 표본을 이용하여 모집단의 특성을 추론하는 과정인 추정, 가설검정, 분산분석, 회귀분석, 분할표검정 등을 다루는 추론통계학(inferential statistics)이 있다.

- 기술통계학(descriptive statistics) : 자료를 요약·정리하여 전체 자료의 특성을 도출하고 자료를 쉽게 해석하는 것.
- 추론통계학(inferential statistics) : 모집단에서 추출한 표본을 이용하여 표본의 특성값(통계량: statistic)을 근거로 모집단의 특성값(모수: parameter)을 추정·가설검정하는 것.

5.2 표본분포

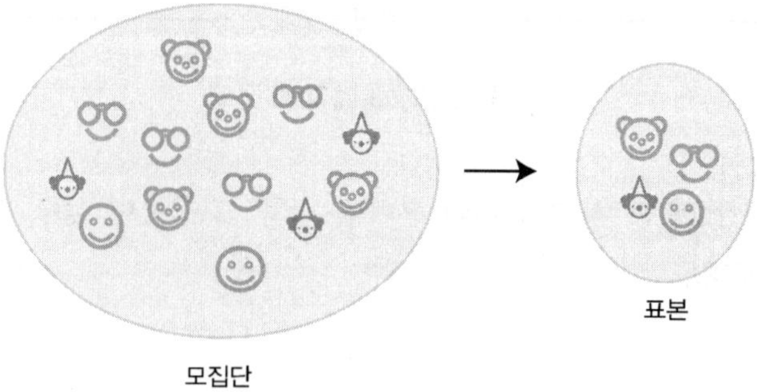

〈그림 5.2.1〉 모집단과 표본

모집단(population)은 관심의 대상 전체집단을 의미하고, 표본(sample)은 모집단의 일부를 측정하여 얻은 값의 모임이다. 모수(parameter)는 모집단의 수치적 특성치로써 모평균(mean), 모분산(varience), 모표준편차(standard deviation), 모비율(proportion) 등을 말하고, 통계량(statistic)은 표본의 특성치로써 모수를 추론하기 위한 것이다. 추정에 사용할 경우에는 추정량(estimator), 가설검정에 사용될 경우에는 검정통계량(test statistic)이라 한다. 통계량의 예로는 표본평균(sample mean), 표본분산(sample varience), 표본표준편차(sample standard deviation), 표본비율(sample proportion) 등이 있다. 통계량은 표본을 추출할 때마다 바뀌게 되므로 확률분포를 가지게 되므로, 이때의 분포를 표집분포(sampling distribution)라고 한다.

〈표 5.2.1〉 모수와 통계량

모수	통계량
모평균(μ)	표본평균($\overline{X}$)
모비율(p)	표본비율($\hat{p}$)
모분산(σ^2)	표본분산(S^2)

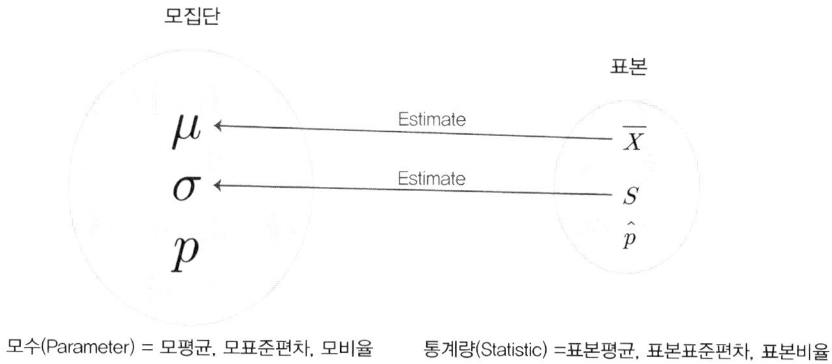

〈그림 5.2.2〉 통계량을 이용한 모수의 추론

사회여론조사에서 많이 사용되는 표본비율의 표집분포에 대하여 알아보자. 모비율이 p인 무한모집단(infinite population)으로부터 n개의 표본을 임의추출(random sampling)하여 표본비율 $\hat{p}$을 구했을 때 표집분포는 다음과 같다.

(1) 표본비율의 평균은 모비율과 같다.

(2) 표본비율의 분산과 표준편차는

$$Var(\hat{p}) = \frac{p(1-p)}{n}, \quad s.d(\hat{p}) = \sqrt{\frac{p(1-p)}{n}}$$

(3) 표본비율은 표본크기가 충분히 크면 근사적으로 정규분포한다.

$$\frac{\hat{p}-p}{\sqrt{\frac{p(1-p)}{n}}} \sim N(0,1), \qquad \frac{\hat{p}-p}{\sqrt{\frac{\hat{p}(1-\hat{p})}{n}}} \sim N(0,1)$$

표본평균의 표집분포의 특성은 다음과 같다. 평균이 μ, 분산이 σ^2인 모집단으로부터 표본크기 n의 임의표본을 추출했을 때 이 표본의 표본평균을 $\overline{X}$라고 하면,

(1) 표본평균의 평균은 모평균과 같다.

(2) 표본평균의 분산과 표준편차는

$$Var(\overline{X}) = \frac{\sigma^2}{n}, \quad s.d(\overline{X}) = \frac{\sigma}{\sqrt{n}}$$

여기서, $\overline{X}$ 의 표준편차를 평균의 표준오차(standard error)라고 한다.

(3) 모집단이 정규분포하면 표본평균도 정규분포한다. 그리고 모집단이 정규분포하지 않더라도 표본의 크기가 충분히 커지면, $n \geq 30$, 표본평균의 분포는 중심극한정리(central limit theorem)에 의해 근사적으로 정규분포한다.

$$\frac{\overline{X}-\mu}{\sigma/\sqrt{n}} \sim N(0,1)$$

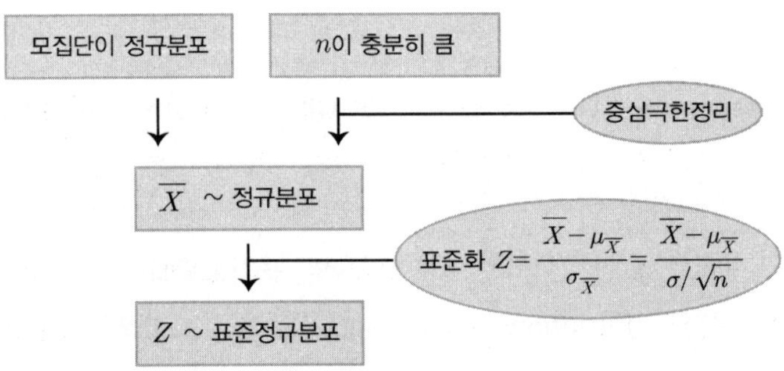

〈그림 5.2.3〉 표본평균의 표집분포

5.3 통계적 추정

모집단으로부터 추출한 표본을 통하여 모집단의 모수에 관한 결론을 유추하는 과정을 통계적 추론이라 한다. 통계적 추론은 추정과 가설검정으로 나누어 생각할 수 있다. 모수를 추정하기 위해 사용되는 통계량을 추정량(estimator)이라 하고 추정량의 값을 추정치(estimate)라 한다. 추정량의 표준편차를 그 추정량의 표준오차(standard error)라 한다. 추정은 모수의 참값으로 생각되는 하나의 값을 추정하는 점추정(point estimation)과 모수의 가능한 값들의 구간으로 추정하는 구간추정(interval estoimation)이 있다.

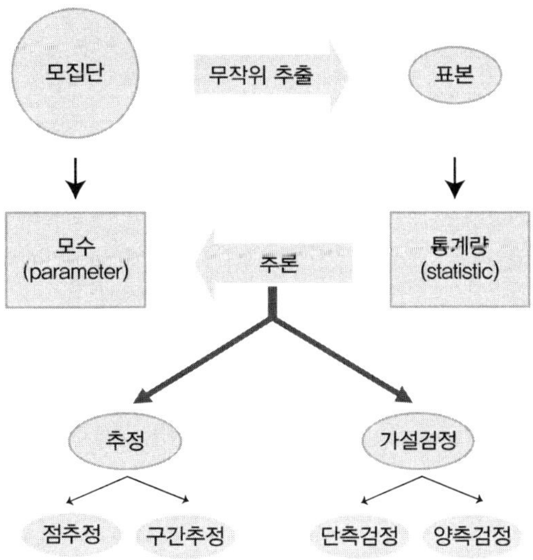

〈그림 5.3.1〉 통계적 추론

예를 들어 어떤 선거여론조사에서 A후보자의 지지율(모비율 p)을 조사한다. 임의로 추출한 유권자 1000명 중에서 지지하는 유권자가 420명이라면 A후보자의 지지율은 다음과 같이 추정된다.

- 점추정치 : $\hat{p} = \dfrac{420}{1000} = 0.42$
- 추정된 표준오차 : $\widehat{s.d.}(\hat{p}) = \sqrt{\dfrac{\hat{p}(1-\hat{p})}{n}} = \sqrt{\dfrac{0.42(1-0.42)}{1000}} = 0.0156$
- 95% 오차한계 : $1.96 \times \widehat{s.d.(\hat{p})} = 1.96 \times 0.0156 = 0.0306$

■ 95% 신뢰구간 : 0.42 ± 0.0306, 즉 $(0.3894, 0.4506)$

구간추정의 의미는 A후보자의 지지율에 대한 참값이 신뢰계수 95%에서 신뢰구간 (0.3894, 0.4506)에 포함된다는 것으로, 이러한 조사를 100번 해서 신뢰구간을 100개 구한다면 그중에 95개는 실제의 참값을 포함하고 나머지 5개는 포함하지 않는다는 것을 의미한다. 물론 지금 구한 신뢰구간이 참값을 포함하고 있는지는 알 수 없으나, 100개 중에 95개의 신뢰구간이 참값을 포함하고 있으므로 우리는 95% 신뢰로 이 구간에 참값이 포함되었으리라 추측하는 것이다.

위의 예에서 모비율 p를 모르기 때문에 $\hat{p}$을 이용하여 추정된 표준오차를 구하였다. 그러나 모비율 p는 0과 1 사이의 값이므로 $p(1-p) \le 1/4$가 성립한다. 또한 95.4% 표준정규분포의 z-계수가 2이므로 다음과 같이 간략하게 구할 수도 있다.

- 표준오차의 최대한계 : $s.d(\hat{p}) = \sqrt{\dfrac{p(1-p)}{n}} \le \sqrt{\dfrac{1}{4n}} = \dfrac{1}{2\sqrt{n}}$
- 95.4% 오차한계 : $2 \times s.d(\hat{p}) = 2 \times \dfrac{1}{2\sqrt{n}} = \dfrac{1}{\sqrt{n}} = 0.0316$
- 95.4% 신뢰구간 : 0.42 ± 0.0316, $(0.3884, 0.4516)$

오차한계(신뢰계수 95%)와 표본크기를 간단히 구하는 방법으로 위의 식을 많이 사용한다. 다음 표를 참조하기 바란다.

표본크기 n	오차한계 $1/\sqrt{n}$	표본크기	오차한계 $1/\sqrt{n}$
100	0.10	1000	0.0316
400	0.05	1600	0.025
500	0.0447	10000	0.01

〈표 5.3.1〉 95.4% 오차한계의 근삿값

5.4 통계적 가설검정

모수에 대한 주장이 옳은지를 표본을 이용하여 판정하는 통계적 분석 방법을 통계적 가설검정(testing of statistical hypothesis)이라 한다. 예를 들어 A후보의 지지율이 50% 이상이라는 주장, A후보의 지지율이 B후보보다 높다는 주장, 새로 개발한 약품의 효과가 더 높다는 주장, 새로 개발한 교육방법이 더 효과가 높다는 주장 등에 대한 판정을 표본을 이용하여 진위 여부를 판단한다. 통계적 가설은 서로 상반된 귀무가설(null hypothesis)과 대립가설(alternative hypothesis)로 나누어지는데, 주장에 반하는 가설 즉 버리고자 하는 가설을 귀무가설로 설정하고 받아들이고자 하는 주장을 대립가설로 설정한다.

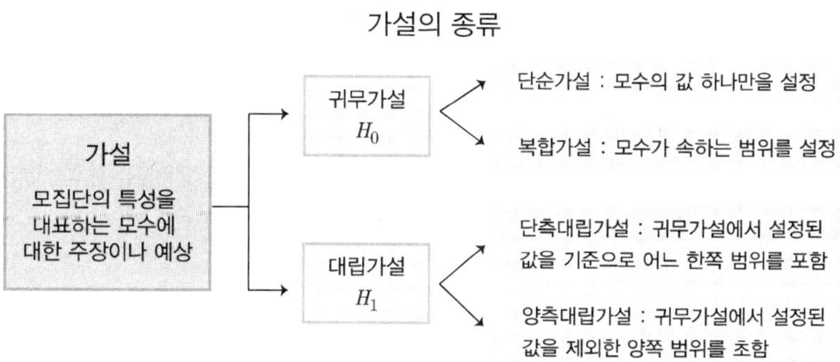

〈그림 5.4.1〉 가설에 대한 설명

가설이 설정되면 이에 적합한 검정통계량(test statistics)과 기각역(critical region)을 찾고, 검정통계량의 값이 기각역에 포함되면 귀무가설을 기각하게 된다. 귀무가설을 기각하거나 기각하지 못하거나 어떤 결정을 내리더라도 검정통계량이 표본을 이용하여 내린 결정이므로 모두 잘못을 범할 수 있다. 이를 가설검정의 두 가지 오류라고 하는데 다음과 같다.

- 제1종의 오류 : 귀무가설이 참인데도 불구하고 귀무가설을 기각하는 오류
- 제2종의 오류 : 귀무가설이 거짓인데도 불구하고 기각하지 못하는 오류

귀무가설에 대한 판정과 오류

검정결과	실제	
	H_0가 참	H_0가 거짓
H_0를 채택	옳은 결정 확률 = $1-\alpha$	제1종 오류 확률 = β(β위험)
H_0를 기각	제1종 오류 확률 = α(유의수준)	옳은 결정 확률 = $1-\beta$(검정력)

$$\text{검정통계량} = \frac{\text{표본 통계량} - \text{귀무가설에서 설정된 모수값}}{\text{표본 통계량의 표준오차}}$$

〈그림 5.4.1〉 가설검정의 두 가지 오류

두 가지 오류 중에서 제1종의 오류가 더 중요한데, 그 이유는 귀무가설이 참인데도 불구하고 기각하고 옳지 않은 주장인 대립가설을 받아들이게 되므로 심각한 잘못을 범하게 되기 때문이다. 그래서 제1종의 오류를 범할 확률의 최대값을 유의수준(significance level)이라 하고, 보통 유의수준은 10%, 5%, 1%로 정하는데, 정해진 유의수준에 의해 기각역이 결정된다. 그러므로 가설검정의 결론은 다음과 같이 반드시 유의수준을 명시하여야 한다.

- 유의수준 10%(5%, 1%)에서 귀무가설을 기각한다.

또는

- 유의수준 10%(5%, 1%)에서 귀무가설을 기각할 수 없다.

기각역에 의해 가설을 검정하는 방법보다는 가설의 검정 결과를 유의확률(significance probability) 또는 p-값(p-value)으로 나타내기도 한다. p-값은 귀무가설이 참인데도 불구하고 이러한 표본 관측값이 나타날 확률을 의미하므로, p-값이 작을수록 대립가설을 받아드리는 강력한 증거가 될 수 있다. 예를 들어 p-값이 1% (5%, 10%)보다 작으면 유의수준 1%(5%, 10%)에서 귀무가설을 기각하고 대립가설을 받아들이면 된다.

대표본에서 모비율 p의 가설검정을 살펴보기로 하자.

가설	귀무가설	$H_0 : p = p_0$	$H_0 : p = p_0$	$H_0 : p = p_0$
	대립가설	$H_1 : p \neq p_0$	$H_1 : p < p_0$	$H_1 : p > p_0$
검정통계량		$Z_0 = \dfrac{\hat{p} - p_0}{\sqrt{p_0(1-p_0)/n}}$		
기각역 (유의수준)	10%	$\lvert Z_0 \rvert \geq 1.645$	$Z_0 \leq -1.28$	$Z_0 \geq 1.28$
	5%	$\lvert Z_0 \rvert \geq 1.96$	$Z_0 \leq -1.645$	$Z_0 \geq 1.645$
	1%	$\lvert Z_0 \rvert \geq 2.58$	$Z_0 \leq -1.96$	$Z_0 \geq 1.96$
p-값		$2P[Z \geq \lvert z_0 \rvert]$	$P[Z \leq z_0]$	$P[Z \geq z_0]$
		양측검정	하단 단측검정	상단 단측검정

〈표 5.4.1〉 대표본에서 모비율에 대한 가설검정

예를 들어 A후보자의 지지율이 40%를 초과한다고 단정할 수 있는지 조사하기 위하여 1000명의 임의표본을 추출하여 표본비율 $\hat{p} = 0.42$를 얻었다. 이는 <표 5.4.1>의 상단 단측검정에 해당하므로,

- 귀무가설 $H_0 : p = 0.45$, 대립가설 $H_1 : p > 0.45$
- 검정통계량의 값 $Z_0 = \dfrac{\hat{p} - p_0}{\sqrt{p_0(1-p_0)/n}} = \dfrac{0.42 - 0.40}{\sqrt{0.40(1-0.40)/1000}} = 1.291$
- 기각역 $Z_0 = 1.291 \geq 1.28$이므로, 유의수준 10%에서 귀무가설을 기각한다.

결론적으로 유의수준 10%에서는 귀무가설을 기각할 수 있으므로 A후보자의 지지율이 40%를 초과한다고 판단할 수 있다. 그러나 유의수준 5%와 1%에서는 귀무가설을 기각할 수 없다.

두 모비율의 비교를 위한 가설검정을 고려해보자. 예를 들어 선거여론조사에서 1000명의 임의표본을 추출하여 A후보자를 지지하는 사람의 비율은 38%, B후보자는 33%, C후보자는 25%였다. 이때 후보자들의 지지율에 차이가 있는지를 검정하고자 한다. 이 경우에 유의수준을 5%로 생각한다면, 앞 절에서 다룬 오차한계를 사용해 보기로 하자.

■ 95.4%(약 95%) 오차한계 : $2\times s.d(\hat{p})=2\times\frac{1}{2\sqrt{n}}=\frac{1}{\sqrt{n}}=0.0316$

■ 신뢰구간 : A후보자 0.38±0.316, B후보자 0.33±0.316, C후보자 0.25±0.316

A후보자와 B후보자의 신뢰구간은 겹치므로 두 후보자는 오차한계 범위 내에 있고, B후보자와 C후보자의 신뢰구간은 겹치지 않고 떨어져 있으므로 오차한계 범위를 벗어났다고 볼 수 있다. 즉 신뢰구간이 ±0.316로 상한과 하한이 결정되므로, 차이가 나려면 두 후보자의 차이가 두 배의 오차한계보다 커야만 한다. 그러므로 A후보자와 B후보자는 유의수준 5%에서 차이가 있다고 볼 수 없으나, C후보자는 A, B 두 후보자보다 지지율이 낮다고 볼 수 있다. 이 경우에 A후보자가 오차범위 내에서 B후보자보다 지지율이 높다고 말하기도 한다.

가설검정 과정

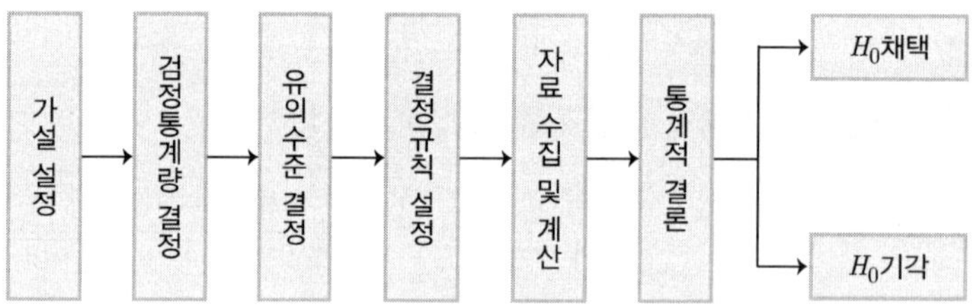

〈그림 5.4.2〉 가설검정의 과정

그 밖의 기초통계로서의 가설검정으로 분할표를 이용한 적합도, 동질성, 독립성 검정, 3개 이상의 모평균을 검정하는 방법으로 분산분석법, 변수들의 관련성을 검토하기 위한 상관분석과 회귀분석이 있다. 이들에 대한 내용은 통계패키지 SPSS를 활용하여 다음에 다루기로 한다.

제 6 장 자료의 입력과 관리

6.1 자료 종류

지난 학기 교양 과목으로 통계학 과목을 수강한 30명의 학생을 임의 추출하여 다음의 설문지를 사용하여 통계학 수강 실태를 조사하였다.

【문항 1】 성별은? ① 남자 ② 여자
【문항 2】 학년은? ① 1학년 ② 2학년 ③ 3학년 ④ 4학년
【문항 3】 소속 단대는? ① 공과대학 ② 인문대학 ③ 자연대학 ④ 경상대학
【문항 4】 수강 후 취득한 통계학 점수는? (　　　) 점
【문항 5】 취득한 통계학 과목의 학점 만족 정도는?
① 아주 만족 ② 만족 ③ 보통 ④ 불만 ⑤ 매우 불만

자료수집의 대상을 케이스(case) 또는 관찰단위(observation)라 하며, 수집하는 자료의 각 항목을 변수(variable)라 한다. 각 케이스의 각 변수에 해당하는 값을 변수값이라 하는데, 이러한 변수값은 질적자료(qualitative data)와 양적자료(quantitative data)로 구분할 수 있다. 즉, 질적자료는 대상의 범주적 특성을 조사한 값으로 범주형 자료(categorical data)라고도 하며, 성별(남, 여), 학년(1학년, 2학년, 3학년, 4학년), 소속 단대(공과대학, 인문대학, 자연대학, 경상대학), 만족도(매우 불만, 불만, 약간 불만, 약간 만족, 만족, 아주 만족) 등이 질적 자료에 해당한다.

양적자료는 점수, 무게, 거리, 시간 등과 같이 관측의 결과가 수량으로 얻어진다. 양적자료에서 자녀의 수, 나이와 같이 하나 둘 세어서 얻어지는 것을 이산형 자료(discrete data)라 하고, 점수, 무게, 온도와 같이 연속적인 값으로 간주될 수 있는 것을 연속형 자료(continuous data)라 한다.

6.2 자료 파일 작성

앞 절의 통계학 수강 실태에 대한 조사 자료는 다음과 같다. SPSS를 이용하여 통계 분석을 하기 위해서는 모든 자료들이 SPSS 데이터 파일로 저장되어 있어야 한다. 이를 위하여 SPSS 데이터 파일로 만드는 방법 3가지, 즉 ① SPSS에서 자료를 직접 입력하는 방법, ② Excel에서 이미 작성된 자료를 불러오는 방법, 그리고 ③ 텍스트 파일 형태로 저장된 자료를 불러오는 방법을 소개하고자 한다.

통계학 수강 실태 자료

일련번호	성별	학년	단과대학	통계학점수	학점만족도
1	1	3	1	99	2
2	1	3	3	88	3
3	1	4	1	79	3
4	1	4	3	91	2
5	1	3	1	99	2
6	1	2	1	89	4
7	2	4	1	92	2
8	2	4	4	78	3
9	2	1	1	98	1
10	2	1	1	96	1
11	1	2	4	73	2
12	1	1	3	79	1
13	2	2	1	88	3
14	1	1	1	80	2
15	1	1	4	86	4
16	1	1	1	89	5
17	2	1	1	89	3
18	1	3	4	72	2
19	1	1	1	94	4
20	1	1	2	75	1
21	2	3	1	89	1
22	2	1	2	71	4
23	2	1	1	94	2
24	1	1	1	98	2
25	1	1	2	74	3
26	1	1	2	70	5
27	1	1	3	80	2
28	1	2	2	79	2
29	1	1	2	72	1
30	1	1	2	31	4

6.2.1 SPSS에서 자료 입력

(1) 편집기 창에서 자료 입력

SPSS 데이터 보기(D) 창은 각 열과 각 행이 교차되면서 만들어지는 셀(cell)로 구성된 스프레드시트로 되어 있다. 각 열은 문항 하나하나로 변수를 나타내고, 각 행은 응답자 한 사람 한 사람인 케이스를 나타내므로, 셀에 응답자의 응답결과인 변수값, 즉 자료를 입력한다.

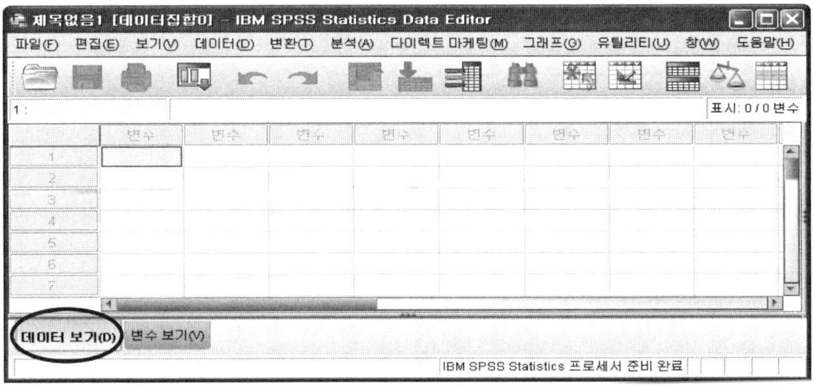

앞 절의 '통계학 수강 실태 자료'를 입력한다. 변수정의에서 소수점 이하 자리수는 기본(default)값 2자리로 지정되어 해당 셀에 '1'을 입력하고 Enter↵를 누르면 1.00으로 소수점 이하 둘째자리까지 표시된다. 변수에 이름을 별도로 지정하지 않으면 SPSS의 자동 변수명(예:VAR00001, VAR00002,…)이 지정된다.

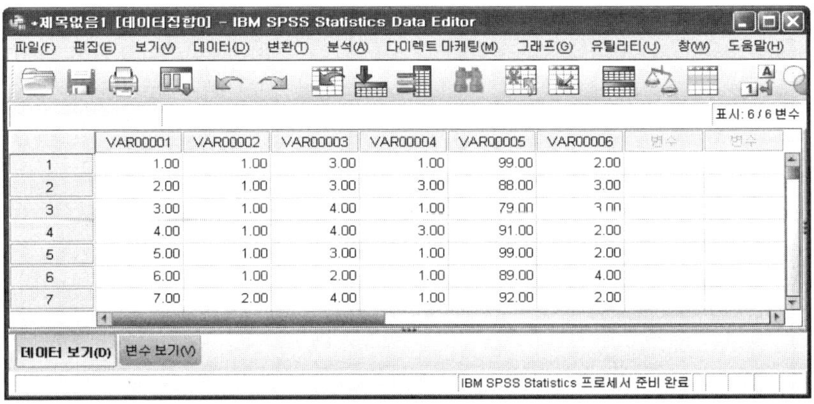

(2) 변수 정의

화면 하단의 변수 보기(V)를 클릭하거나 열 머리글을 더블 클릭하면 변수 보기(V) 창으로 이동되며 변수 이름, 유형, 값 등을 지정할 수 있다.

■ 변수 이름

[이름] 열에 변수 이름 '일련번호', '성별', '학년', '단과대학', '통계학점수', '학점 만족도'를 입력한다.

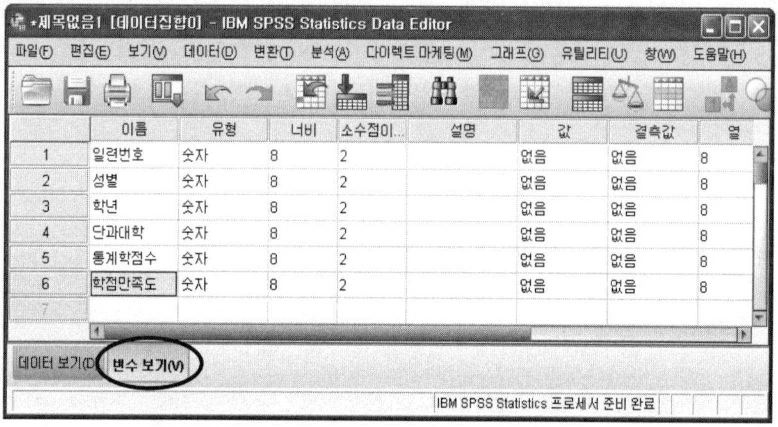

■ 소수점 이하 자리

변수의 소수점 이하 자리수를 지정한다(기본 설정값: 2). '일련번호'의 [소수점 이하자리] 열 셀을 클릭한 후 증감 버튼 을 이용해 '0'으로 변경하고, 마우스 오른쪽 버튼을 클릭한 후 복사(C)를 선택한다.

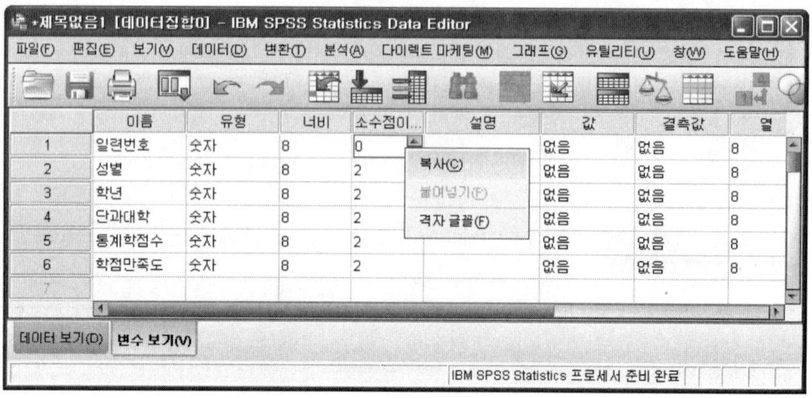

'성별'에서 '학점 만족도'까지 소수점 이하 자리 셀들을 범위로 설정하고 마우스 오른쪽 버튼을 클릭한 후 붙여넣기(P)를 선택한다.

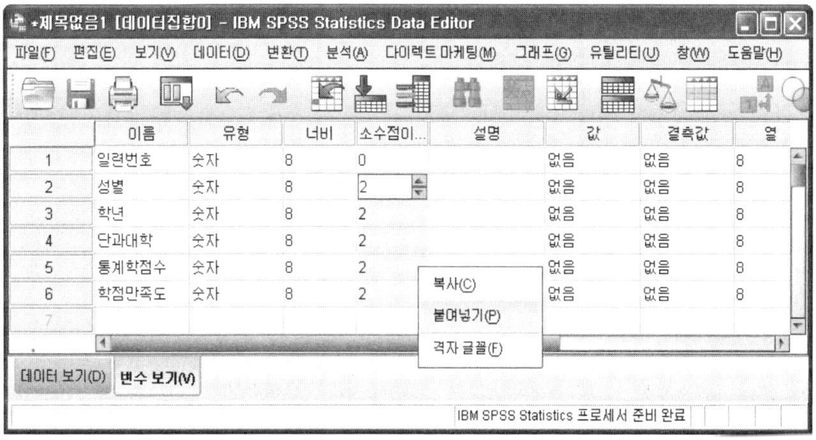

■ **변수값 설명**

질적변수가 가지는 변수값에 대한 설명을 입력함으로써 SPSS 출력 결과에 변수값 대신 변수 설명이 나타나므로 통계분석을 용이하게 해준다. 통계학 수강 실태 자료에 다음과 같이 변수값 설명을 입력한다.

변수	변수값 설명
성별	1=남자 2=여자
학년	1=1학년 2=2학년 3=3학년 4=4학년
단과대학	1=공과대학 2=인문대학 3=자연대학 4=경상대학
학점 만족도	1=아주 만족 2=만족 3=보통 4=불만 5=매우 불만

'성별' 변수에 변수값을 설명하는 방법은 다음과 같다.

① 성별의 [값] 열 셀의 오른쪽을 클릭하면 [변수값 설명] 대화상자가 나타난다.

② 기준값(A)에 ‘1’을 입력하고 설명(L)에 ‘남자’라 입력한 후 추가(A) 버튼을 클릭한다.

③ 기준값(A)에 ‘2’를 입력하고 설명(L)에 ‘여자’라 입력한 후 추가(A) 버튼을 클릭한 다음 확인 을 클릭한다.

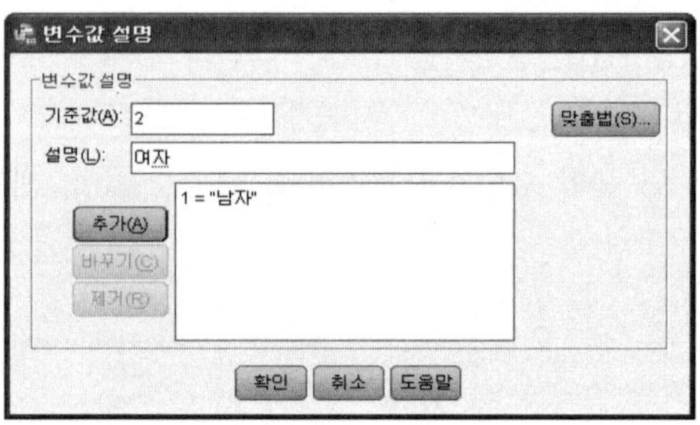

'학년', '단과대학', '학점 만족도'의 변수값 설명도 같은 순서를 반복하면 다음과 같이 입력된다.

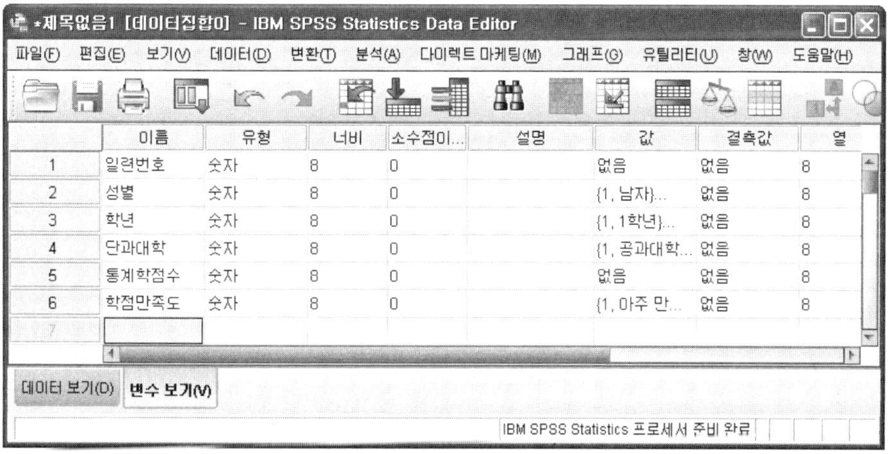

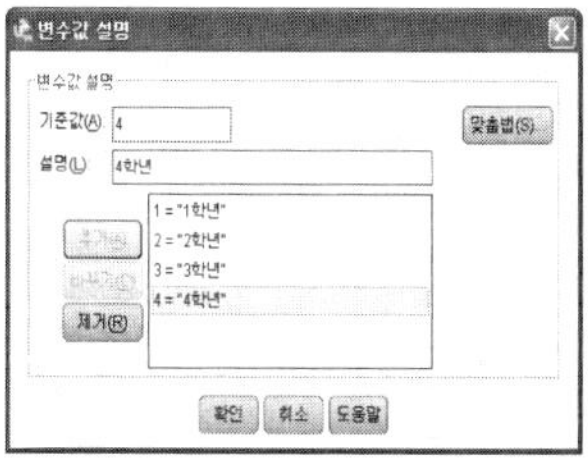

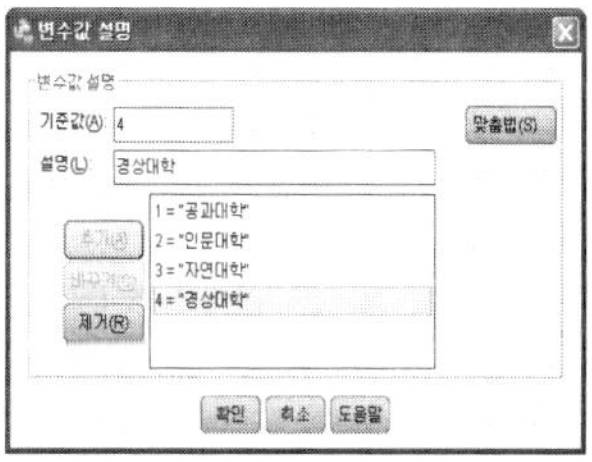

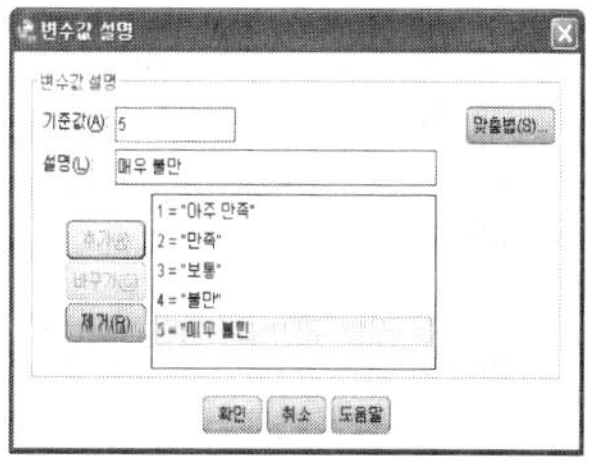

■ 결측값

어떤 변수의 변수값을 조사하지 못하여 결측값(missing)이 있을 경우 결측값으로 사용할 값을 지정할 때 사용한다.

자료를 입력할 때 결측값은 일반적으로 빈칸으로 처리하고, 기본 설정값인 결측값 없음(N)으로 설정된다. 결측값을 지정할 경우에는 이산형 결측값(D)를 선택한 후 변수값 중에서 없는 값으로 '9' 혹은 '99'로 하면 된다.

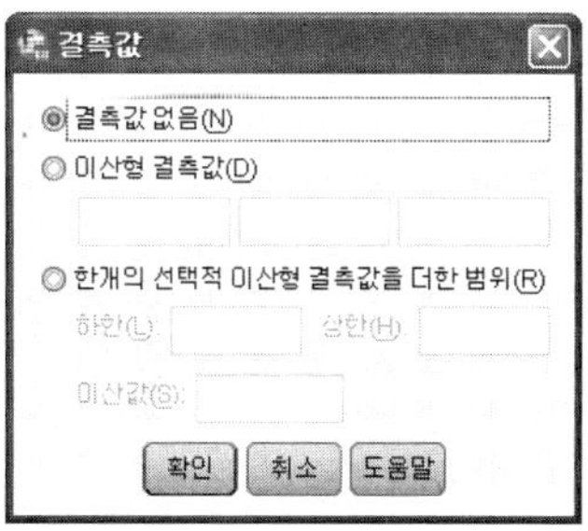

(3) 변수값 설명으로 자료입력

화면 상단의 변수값 설명 버튼 [아이콘]을 클릭하면 변수 보기(V) 창에서 정의한 변수값 설명을 사용하여 자료를 입력할 수도 있다.

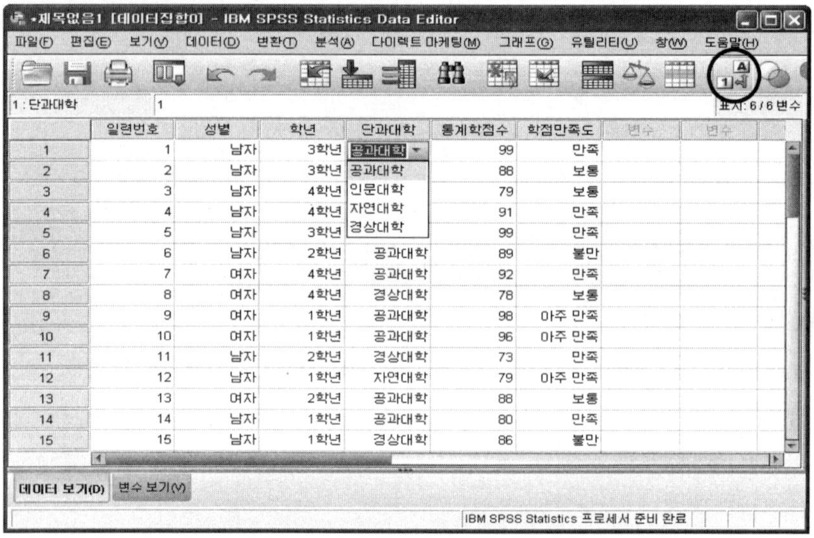

(4) 자료 저장

화면 상단의 이 문서 저장 버튼 [아이콘]을 클릭하거나 [파일] 메뉴의 [저장]을 선택한다.

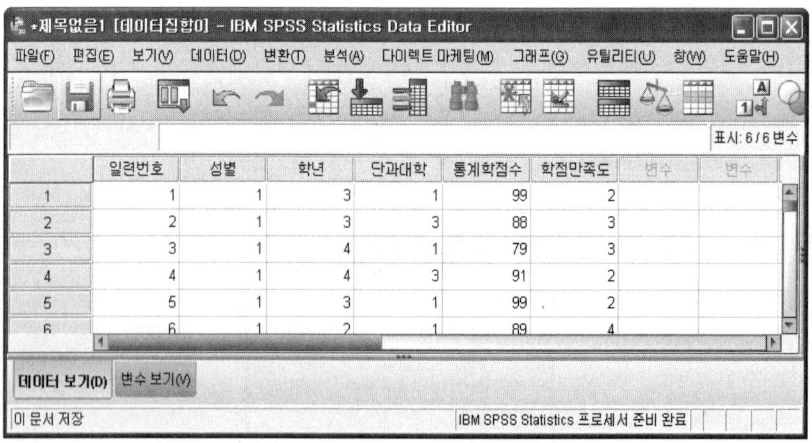

파일 이름에 '통계학수강실태'를 입력하고 저장 버튼 을 클릭하면 확장자가 .sav인 SPSS 데이터 파일로 저장된다(파일명: 통계학수강실태.sav).

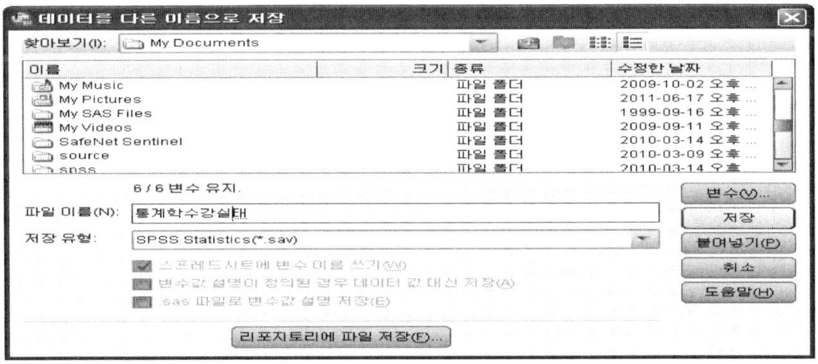

6.2.2 Excel 파일 불러오기

(1) Excel 자료 입력

SPSS에서 입력할 데이터의 양이 많을 경우에는 Excel에서 입력하여 SPSS 데이터 파일로 읽어 들여 작업하는 것이 더욱 편리하다. SPSS와 같이 Excel에서도 각 열과 각 행이 교차되면서 만들어지는 셀(cell) 단위로 구성되어 있으며, 각 셀의 구분을 위해 셀 주소가 사용되고 A열의 1행을 A1 셀로 나타낸다.

Excel에서 데이터 유효성 검사를 설정하면 입력할 데이터의 유형, 길이, 목록 등을 미리 정의하여 유효한 데이터만 입력되도록 제한할 수 있으며, 지정한 조건에 유효하지 않은 데이터 입력 시 오류 메시지를 표시할 수 있다. 각 변수에 다음과 같이 유효한 데이터가 입력되도록 설정한다.

변수	범위	[설정]탭			[오류 메시지]탭
		제한대상	최소값	최대값	오류메시지
일련번호	A2:A31	정수	1	30	1-30까지 값을 입력 하세요
성별	B2:B31	정수	1	2	1~2까지 값을 입력 하세요
학년	B2:B31	정수	1	4	1~4까지 값을 입력 하세요
단과대학	B2:B31	정수	1	4	1~4까지 값을 입력 하세요
통계학점수	B2:B31	정수	0	100	0~100까지 값을 입력 하세요
학점 만족도	B2:B31	정수	1	6	1~6까지 값을 입력 하세요

'일련번호'에 데이터 유효성 검사를 설정하는 방법은 다음과 같다.

① 첫째 행에 변수명을 입력하기 위해 A1셀에서 F1셀에 '일련번호', '성별', '학년', '단과대학', '통계학점수', '학점 만족도'를 입력한다.

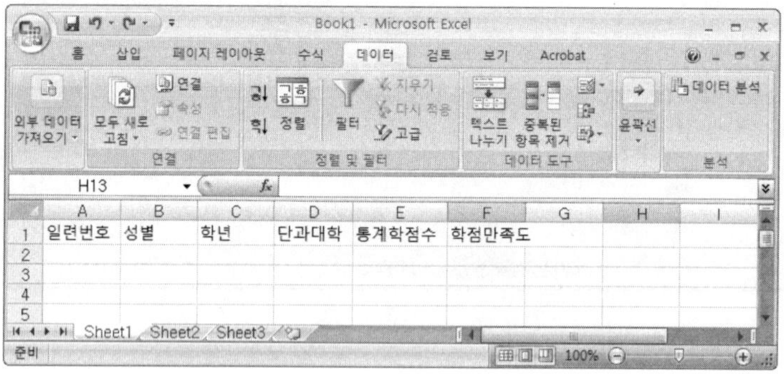

② '일련번호'에 데이터 유효성 검사를 설정하기 위해 A2에서 A31까지 블록 지정한 후 [데이터] 탭에 있는 [데이터유효성검사]를 클릭하여 [데이터 유효성 검사(V)]를 선택한다.

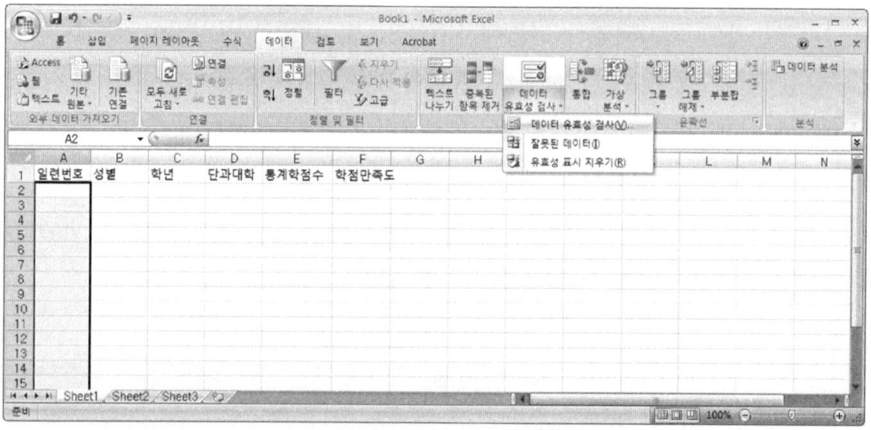

③ [데이터 유효성] 대화상자가 나타나면 [설정] 탭에서 제한대상(A)에 '정수'를 선택하고 최소값(M) '1', 최대값(X) '30'을 입력한다.

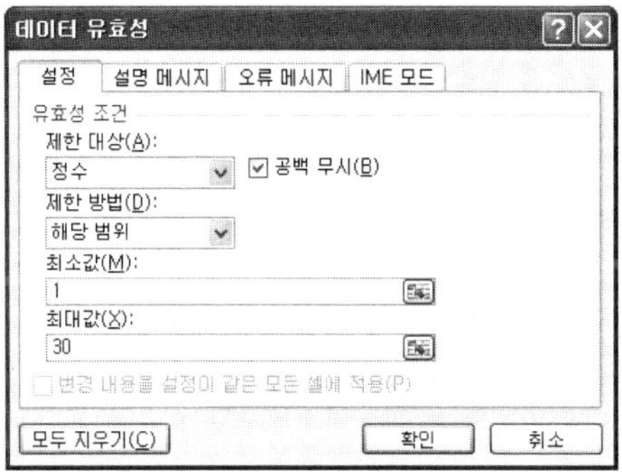

④ [오류 메시지] 탭의 제목(T)에 '일련번호', 오류메시지(E)에 '1~30까지 값을 입력하세요'를 입력하고 확인을 클릭한다.

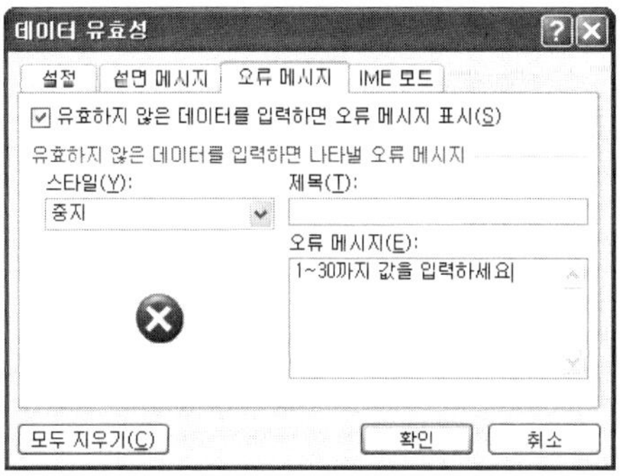

셀 A2에서 A31 영역에 1~30 범위를 벗어나는 값을 입력하면 다음과 같이 오류메시지가 나타난다.

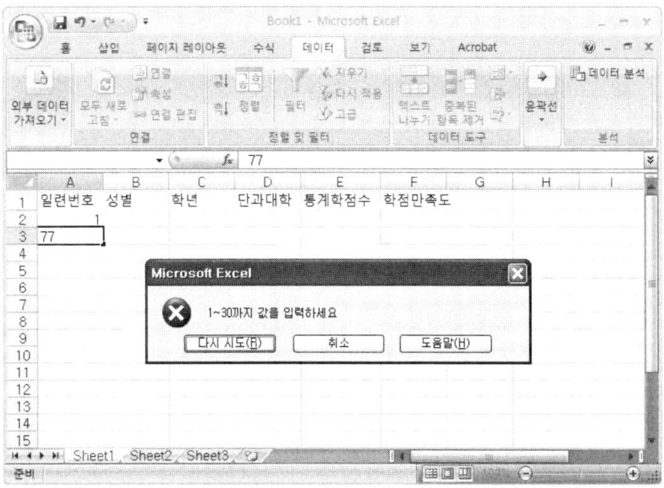

'성별', '학년', '단과대학', '통계학점수', '학점 만족도' 변수에도 데이터 유효성 검사를 설정한 후 데이터를 입력한다.

통계학 수강 실태 자료를 다음과 같이 입력한다.

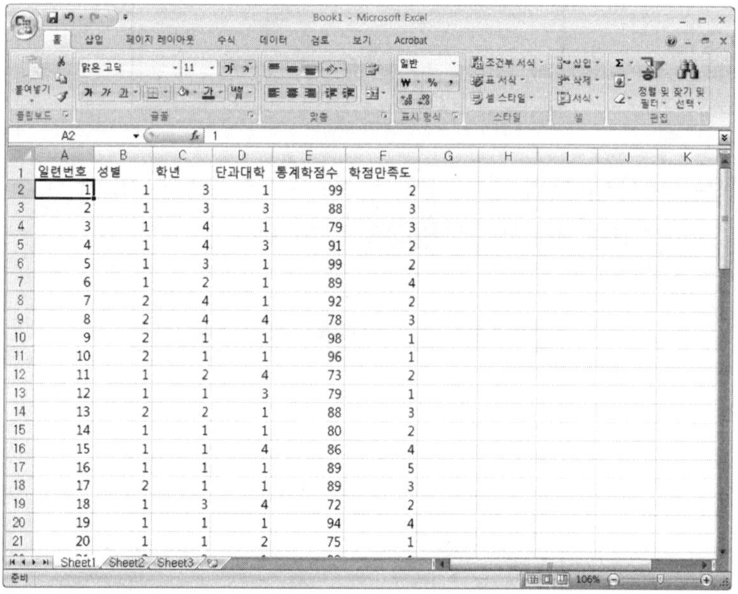

(2) Excel 데이터 저장

화면 상단의 '빠른 실행'에 있는 저장 버튼 을 클릭하면 [다른 이름으로 저장] 대화상자가 나타난다. 파일 이름(N)에 '통계학수강실태'를 입력하고 [저장]을 클릭하면 확장자가 .xlsx인 엑셀 파일로 저장된다(파일명: 통계학수강실태.xlsx).

(3) SPSS에서 Excel 데이터 불러오기

Excel 데이터를 SPSS 데이터 파일로 읽어 들이기 위해 SPSS 화면 상단의 데이터 문서 열기 버튼 을 클릭하거나 메뉴에서 [파일]-[열기]-[데이터]를 선택한다. [데이터 열기] 대화상자에서 파일 유형(T)을 'Excel'을 선택하고 '통계학수강실태.xlsx' 파일을 찾아 [열기]를 선택한다.

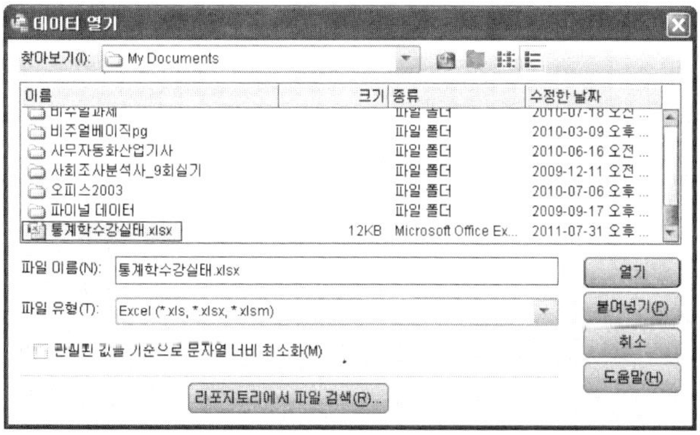

[Excel 데이터 소스 열기] 대화상자가 나타나면, 첫 행에 변수 이름이 입력되어 있다면 데이터 첫 행에서 변수 이름 읽어오기의 체크상자가 체크되어 있는지 확인한 다음 '워크시트' 항목에 입력된 데이터 범위가 정확한지 확인하고 [확인] 버튼을 선택한다.

Excel 데이터가 SPSS 화면에 다음과 같이 나타난다.

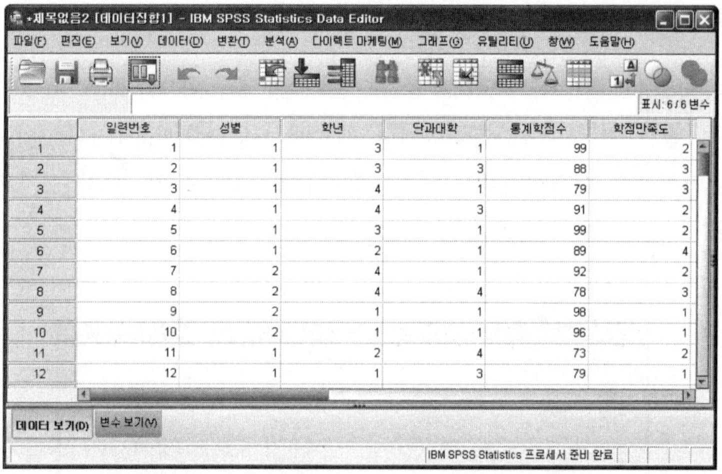

화면 하단의 변수 보기(V) 탭을 클릭하여 다음과 같이 변수를 정의한다(6.2.1절의 (2)변수 정의 참고).

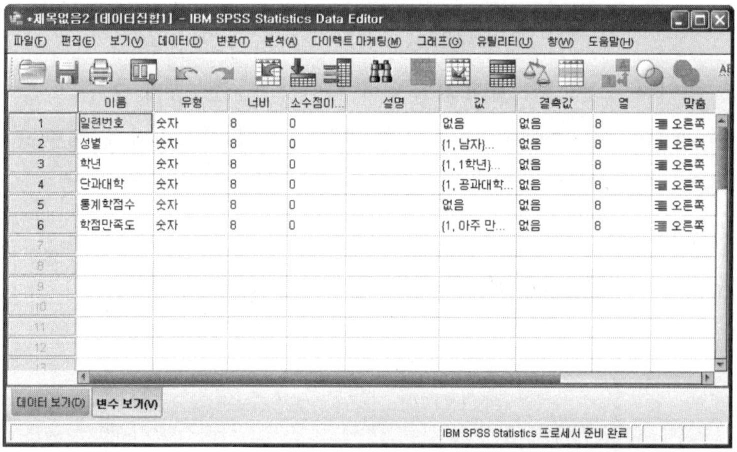

(4) SPSS 데이터 파일로 저장하기

SPSS화면 상단의 이 문서 저장 버튼 을 클릭하거나 [파일] 메뉴의 [다른이름으로 저장]을 선택한다. 파일 이름을 입력하고 [저장] 버튼을 클릭하면 SPSS 데이터 파일로 저장된다.

6.2.3 텍스트 파일 불러오기

훈글이나 워드, 그리고 메모장에서 데이터 파일을 작성한 경우는 텍스트 문서(*.txt)로 저장하여야만 SPSS 데이터 파일로 읽어 들일 수 있다. 텍스트 문서는 고정형식(fixed format)과 자유형식(free format)이 있다. 즉, 고정형식은 데이터를 모두 붙여서 입력한 형태이고, 자유형식은 데이터가 공백, 쉼표, 세미콜론 등으로 구분되어 입력된 형태이다.

본 절에서는 6.2절에 있는 통계학수강실태 데이터를 자유형식과 고정형식의 텍스트파일로 작성하여 SPSS 데이터파일로 불러오는 과정을 설명한다.

자유형식(free.txt)	고정형식(fixed.txt)
1 1 3 1 99 2	1131992
2 1 3 3 88 3	2133883
3 1 4 1 79 3	3141793
4 1 4 3 91 2	4143912
5 1 3 1 99 2	5131992
…	…

(1) 자유형식 텍스트 파일 불러오기

SPSS 편집기창에서 자유형식으로 저장된 free.txt 텍스트 파일을 불러오기 위해 메뉴에서 [파일]-[텍스트 데이터 읽기]를 선택한다.

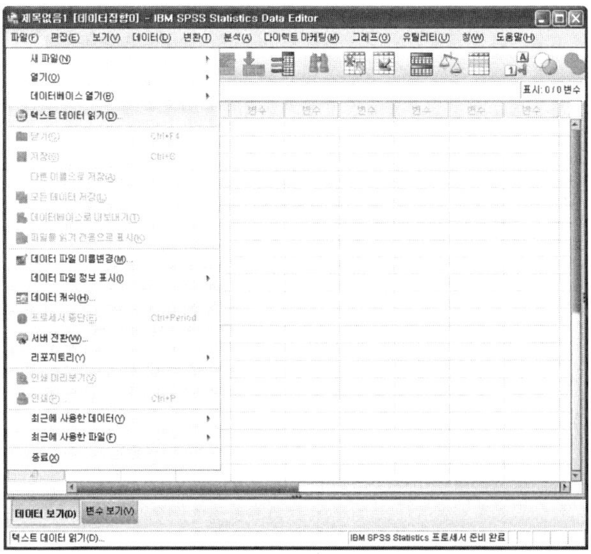

[데이터 열기] 대화상자가 나타나면 파일이 저장된 위치를 지정하고 불러올 텍스트 파일 free.txt를 선택한 후 열기 을 선택한다.

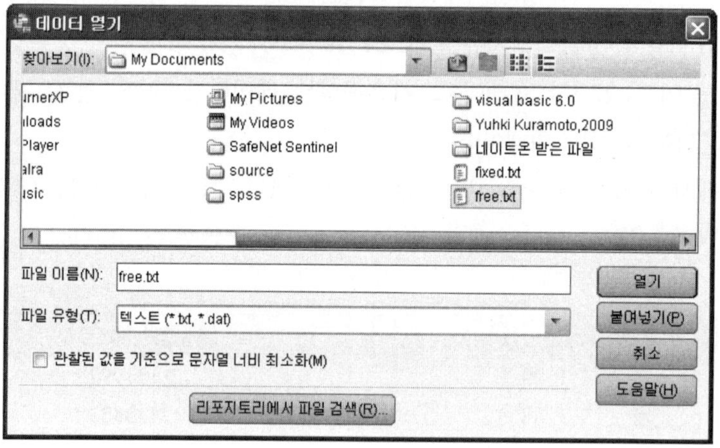

· 1단계 데이터 미리보기 창에서 텍스트 파일의 사전 형식과의 일치 여부를 지정한다.

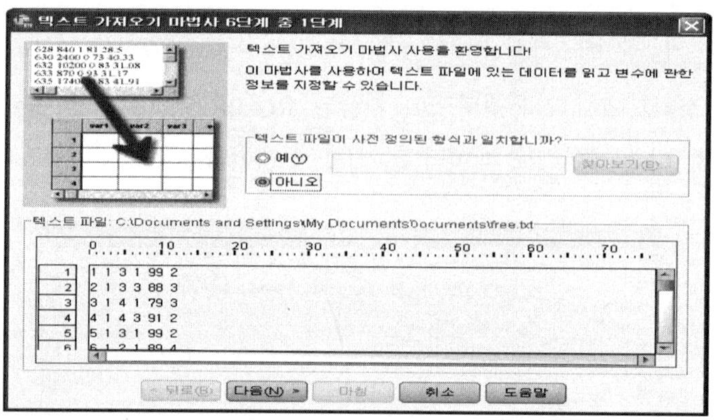

· 2단계 변수의 구분자에 의한 배열(자유형식)인지 고정너비로의 배열(고정형식) 인지를 지정하고, 변수 이름이 파일의 처음에 있는지 여부도 지정한다.

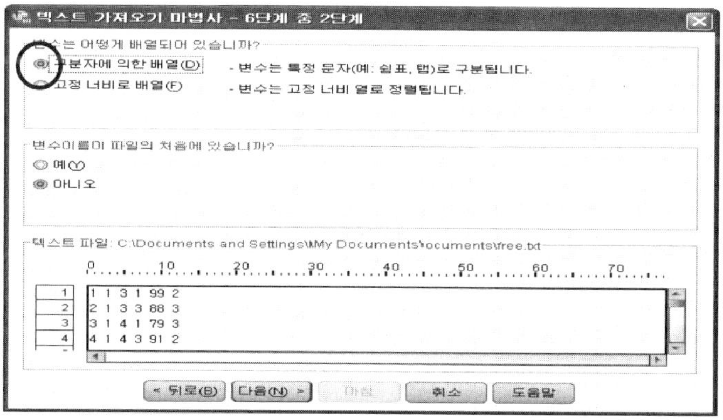

· 3단계 데이터의 첫 번째 케이스의 시작 위치, 한 케이스의 줄 수, 가져올 케이스의 개수를 지정한다.

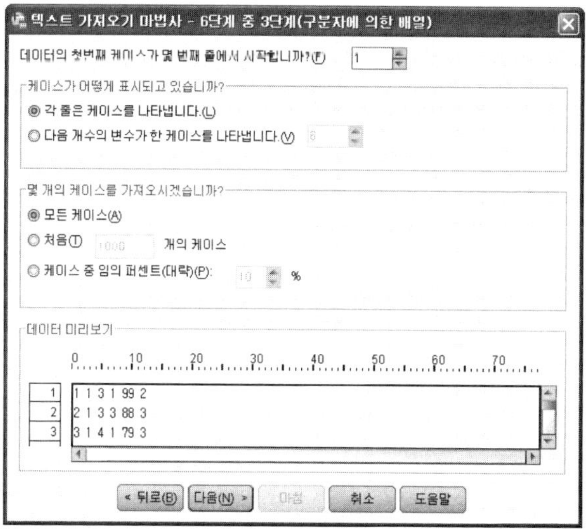

· 4단계 변수 사이에 사용된 구분자를 지정한다.

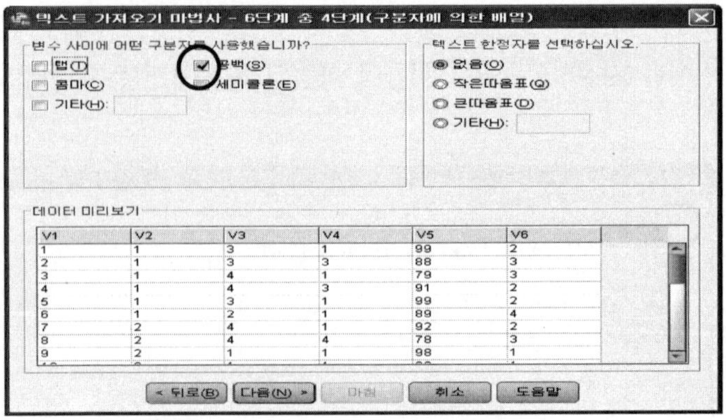

· 5단계 변수이름과 데이터 형식을 지정한다.

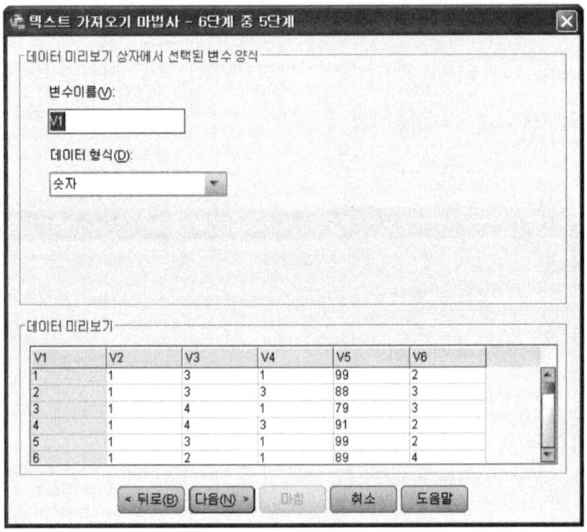

· 6단계 지정한 파일 형식의 저장 여부와 명령문 작성 여부를 지정하고 [마침]을 클릭한다.

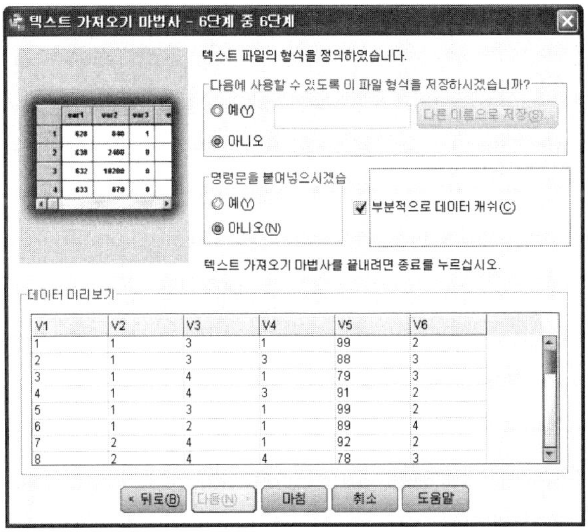

자유형식으로 입력된 free.txt 텍스트 파일이 SPSS 데이터 파일로 변환되어 다음과 같이 나타난다.

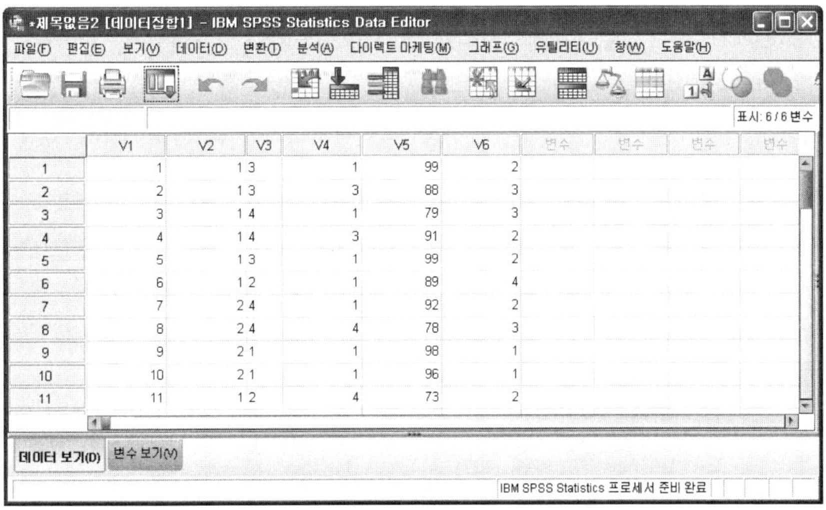

SPSS 화면 하단의 변수 보기(V) 탭을 클릭하여 다음과 같이 변수를 정의한다(변수 정의는 6.2.1 (2) 참고).

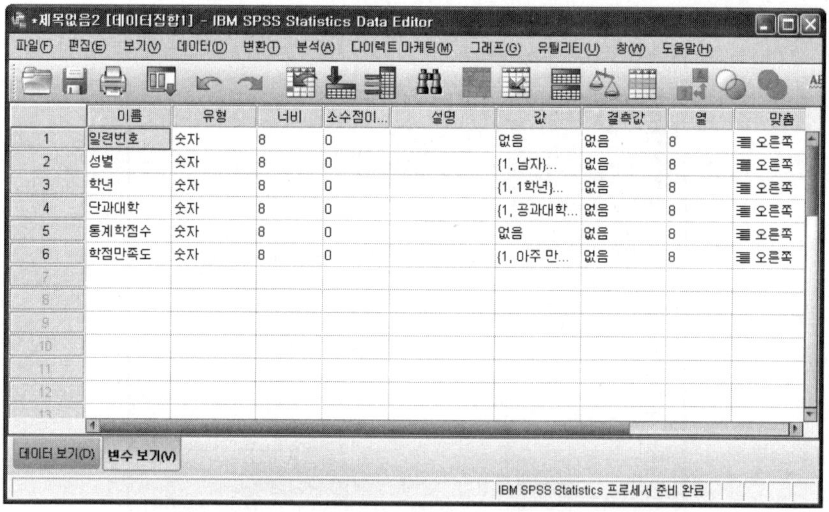

(2) 고정형식 텍스트 파일 불러오기

SPSS 편집기창에서 고정형식으로 입력된 fixed.txt 텍스트 파일을 불러오기 위해 [파일]-[텍스트 데이터 읽기]를 선택하고, [데이터 열기] 대화상자가 나타나면 불러올 텍스트 파일 fixed.txt를 선택한 후 [열기] 버튼을 선택한다.

· 1단계 데이터 미리보기 창에서 텍스트 파일의 사전 형식과의 일치 여부를 지정한다.

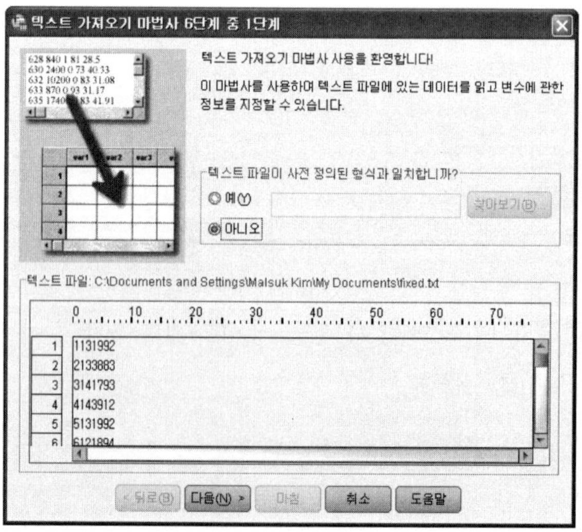

· **2단계** 변수의 구분자에 의한 배열(자유형식)인지 고정너비로의 배열(고정형식) 인지, 변수 이름이 파일의 처음에 있는지 여부를 지정한다.

· **3단계** 데이터의 첫 번째 케이스의 시작 위치, 한 케이스의 줄 수, 가져올 케이스의 개수를 지정한다.

· 4단계 각 변수가 시작되는 위치에 구분선을 삽입하기 위해 눈금자 또는 데이터 영역에서 원하는 위치를 마우스로 클릭한다. 또는 열 번호를 입력한 다음 [구분 삽입] 단추를 클릭한다.

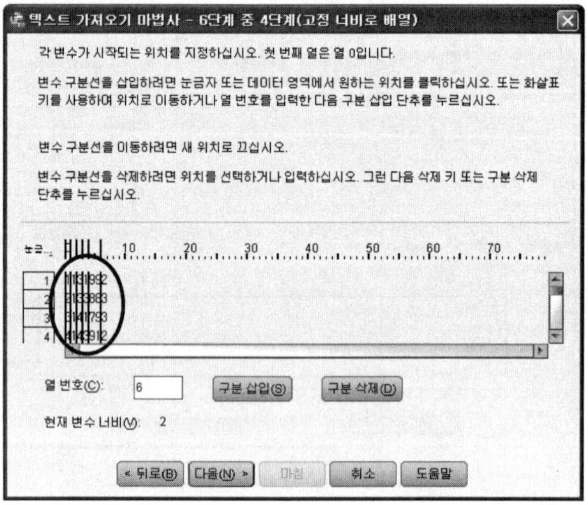

· 5단계 변수이름과 데이터 형식을 지정한다.

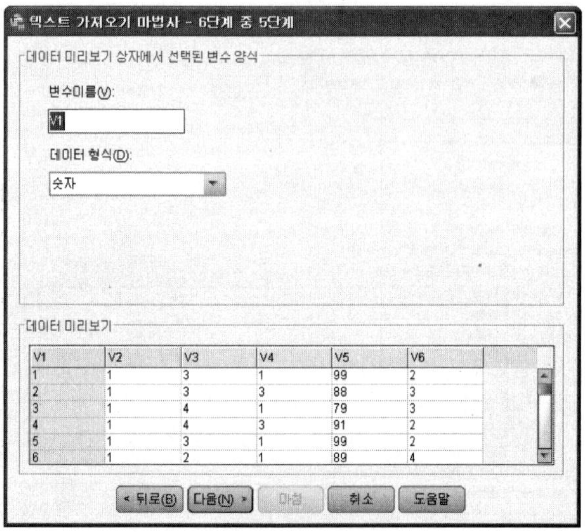

· 6단계 지정한 텍스트 파일 형식의 저장 여부, 명령문 작성 여부를 지정하고 [마침]을 클릭한다.

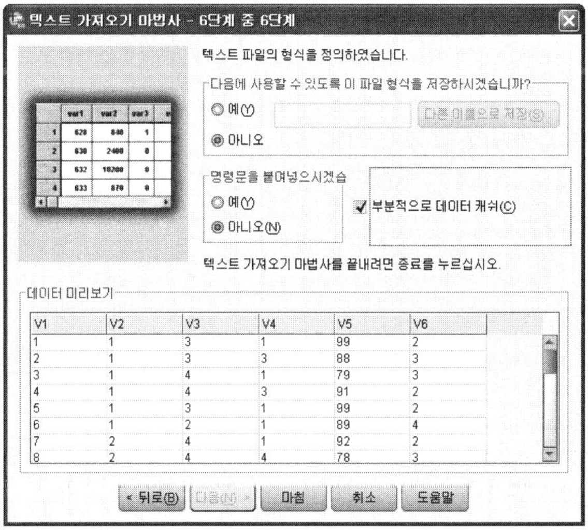

텍스트 파일이 SPSS 데이터 파일로 변환되고, SPSS 화면 하단의 변수 보기(V) 탭을 클릭하여 변수를 정의한다.

6.3 자료 변환

6.3.1 변수 계산

산술식, 논리식, 함수 등의 계산식을 이용하여 계산된 변수값을 새로운 변수나 기존변수에 기억시킨다.

(1) 변수 계산

7.5절의 탄력성척도.sav 데이터를 변수계산의 산술식을 이용하여 변수 A1에서 A5까지 합하여 '탄력성합계'를 계산하는 과정은 다음과 같다.

① 메뉴에서 [변환(T)]-[변수 계산(C)]을 클릭한다.

② [변수 계산] 대화상자에서 대상변수(T)에 새로운 변수이름 '탄력성합계'를 입력한다. 함수 집단(G)에서 '통계'를 클릭하고, 함수 및 특수변수(F)에서 'Sum' 함수를 선택한다. 변수목록에서 변수 A1을 선택한 후 화살표 [➡]을 클릭하여 숫자표현식(E)에 'SUM(A1,A2,A3,A4,A5)'를 완성하고 [확인]을 클릭한다.

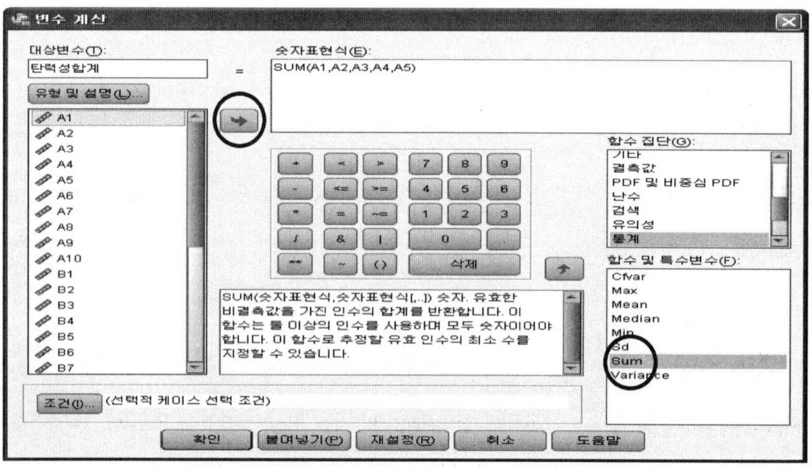

'탄력성합계' 변수가 다음과 같이 생성되었음을 알 수 있다.

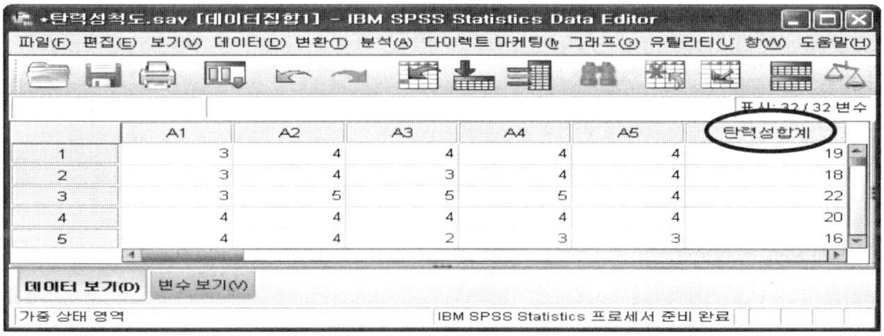

(2) 변수 계산을 이용한 코딩 변경

통계학수강실태.sav 데이터에서 '학점 만족도'를 변수 계산으로 다음과 같이 역코딩하여 새로운 변수 'NEW_학점 만족도'를 생성할 수 있다.

1(아주 만족) → 5 2(만족) → 4 3(보통) → 3 4(불만) → 2 5(매우 불만) → 1

① 메뉴에서 [변환(T)]-[변수 계산(C)]를 클릭한다.

② [변수 계산] 대화상자에서 대상변수(T)에 새로운 변수이름 'NEW_학점 만족도'를 입력한다. 변수목록에서 '학점 만족도'를 선택한 후 화살표 [→]을 클릭하여 숫자표현식(E)에 '6-학점 만족도'를 입력하고 [확인]을 클릭한다.

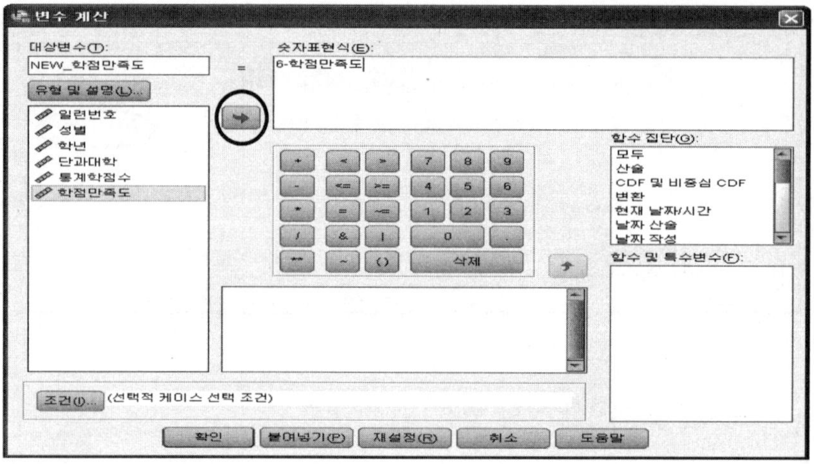

'학점만족도' 값이 다음과 같이 'NEW_학점 만족도' 값으로 역코딩되었음을 알 수 있다.

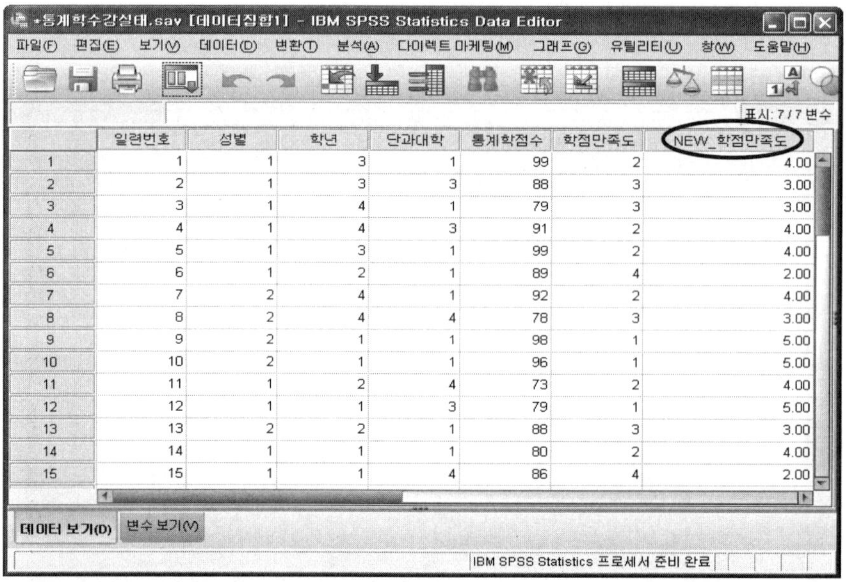

③ 변수 보기(V) 창에서 새로 생성된 변수의 [소수점이하자리]를 0으로 변경하고, [값] 열에서 변수값 설명을 다음과 같이 입력한다.

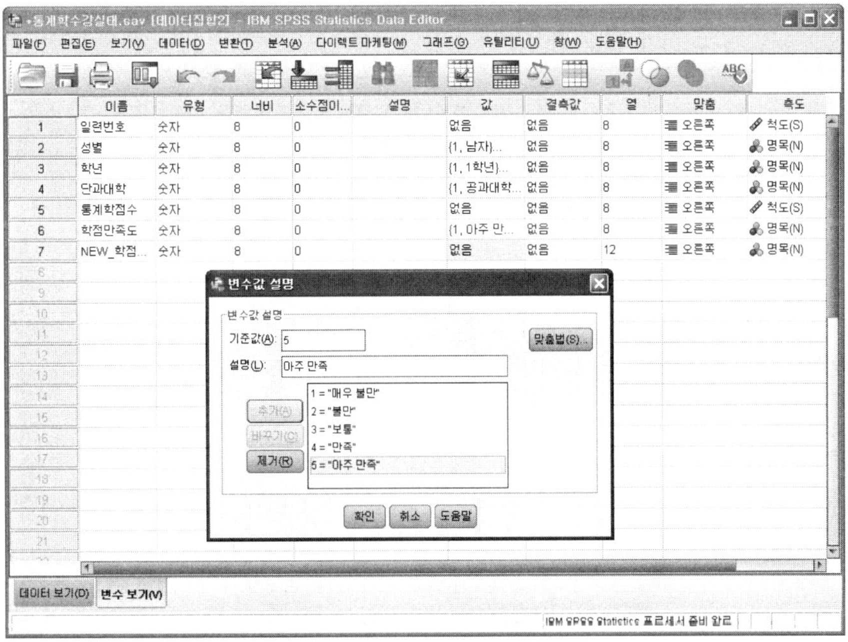

이상의 변수계산을 이용한 '학점만족도'의 역코딩은 다음 6.3.2절의 코딩 변경에서 같은 변수로 변경이나 새로운 변수로 변경을 이용하여 변경할 수도 있다.

6.3.2 코딩 변경

코딩 변경은 데이터의 값이나 범주를 변경하거나 수정할 때 사용하는 것으로 기존의 변수명을 유지하는 같은 변수로 코딩 변경하거나 또는 다른 변수로 코딩 변경할 수 있다.

(1) 같은 변수로 코딩 변경

같은 변수로 코딩 변경하면 기존값이 사라지므로, 기존값을 그대로 유지해야 한다면 새로운 변수로 변경하는 것이 좋다.

통계학수강실태.sav 데이터에서 '학점 만족도'를 다음과 같이 역코딩하고자 할 때 같은 변수로 코딩 변경하는 과정은 다음과 같다.

1(아주 만족) → 5　2(만족) → 4　3(보통) → 3　4(불만) → 2　5(매우 불만) → 1

① 메뉴의 [변환(T)]-[같은 변수로 코딩 변경(S)]를 선택한다.

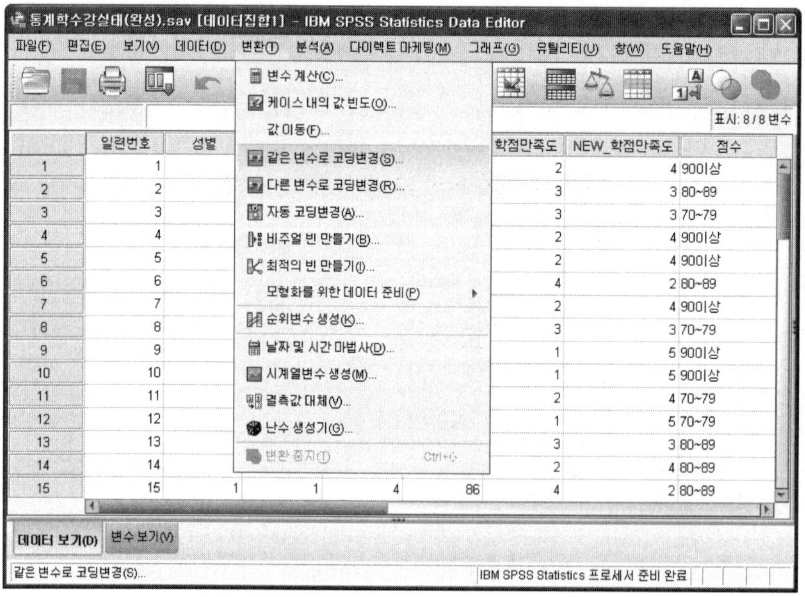

② [같은 변수로 코딩 변경] 대화상자에서 변수 목록에서 코딩 변경할 변수 '학점 만족도'를 선택하고 [→]을 클릭한 후 [기존값 및 새로운 값(O)...]을 클릭한다.

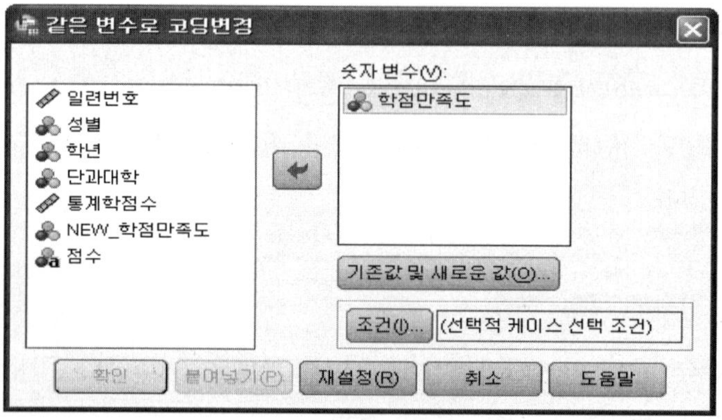

③ 기존값의 값(V)에 '1'을 입력하고 새로운 값의 기준값(A)에 '5'를 입력한 후 [추가(A)]을 클릭한다.

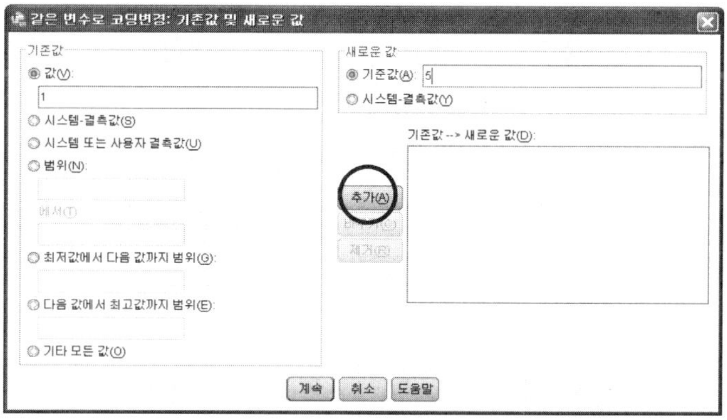

④ 같은 방법으로 기존값의 범위와 새로운 값을 모두 입력한 후 [계속]을 클릭한다.

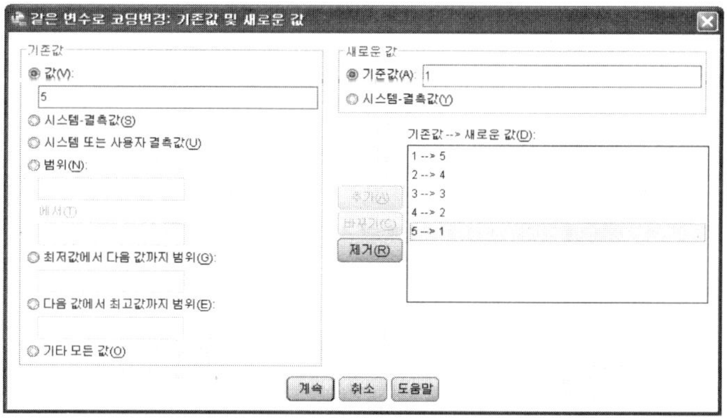

⑤ [같은 변수로 코딩 변경] 대화상자에서 [확인]을 클릭하면 '학점 만족도'의 데이터 값이 변경된다.

(2) 새로운 변수로 코딩 변경

통계학수강실태.sav 데이터에서 연속형 변수인 '통계학점수'를 60 미만, 60-69, 70-79, 80-89, 90 이상의 5개 범주인 '점수'라는 새로운 변수로 코딩 변경하는 과정은 다음과 같다.

① 메뉴에서 [변환(T)]-[다른 변수로 코딩 변경(R)]을 선택한다.

② [새로운 변수로 코딩 변경] 대화상자에서 변수 목록에서 새로운 변수로 코딩 변경하고자 하는 변수인 '통계학점수'를 선택하고 ➡을 클릭하여 변수 입력(V)으로 이동시킨다.

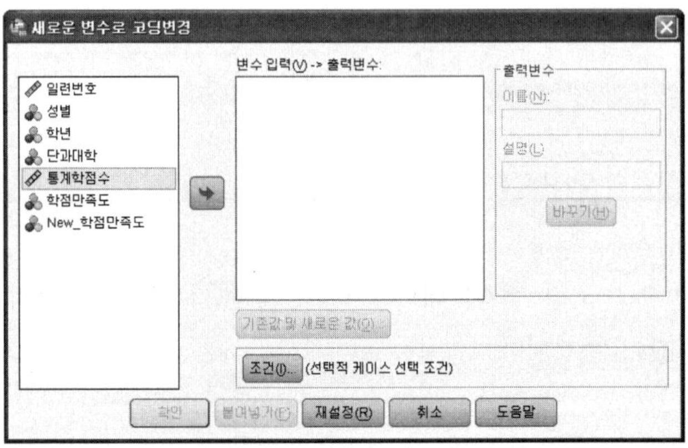

③ 출력변수의 이름(N)에 '점수'를 입력하고 [바꾸기(H)]을 클릭한 후 [기존값 및 새로운 값(O)...]을 클릭한다.

④ [새로운 변수로 코딩 변경: 기존값 및 새로운 값] 대화상자에서 기존값의 범위(N)에 각 구간 값을 입력한다. 출력변수가 문자열임(B)을 지정한 다음 기존값(A)에 변경하고자 하는 새로운 값을 입력한 후 [추가(A)]을 클릭한다.

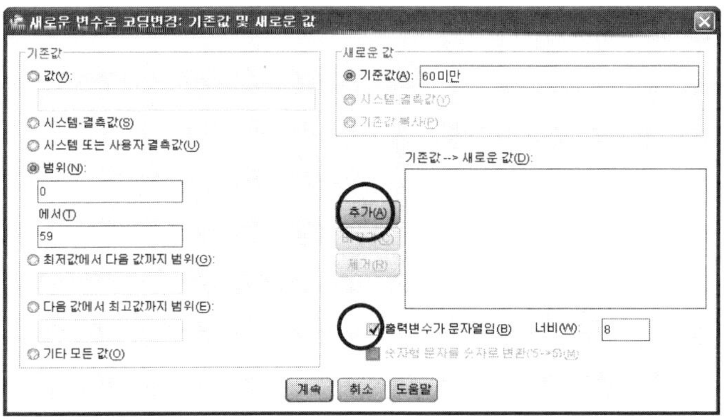

⑤ 같은 방법으로 기존값의 범위(N)와 기존값(A)에 새로운 값을 입력한 후 [계속]을 클릭한다.

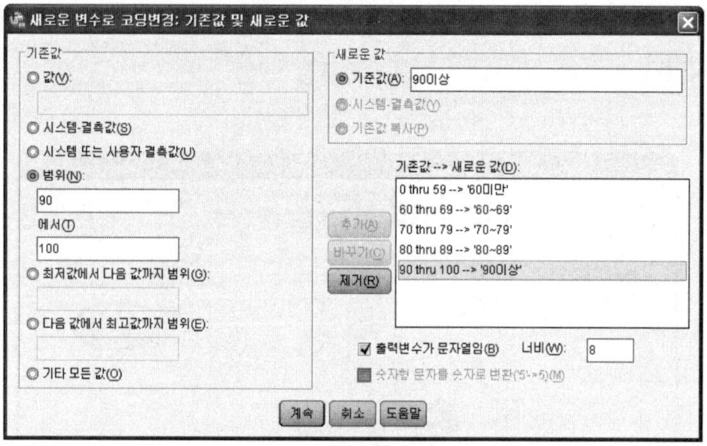

⑥ [새로운 변수로 코딩 변경] 대화상자가 나타나면 [확인]을 클릭한다.

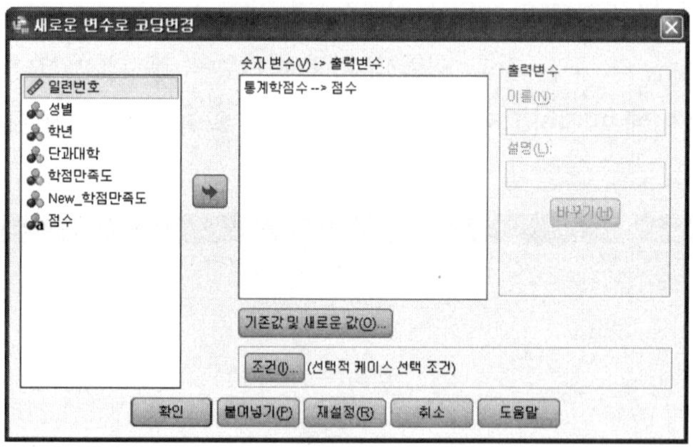

다음과 같이 새로운 범주형 변수인 '점수'가 생성된다.

⑦ 메뉴 [파일]-[다른 이름으로 저장]을 선택하여 파일 이름을 통계학수강실태(완성).sav로 저장한다(파일명: 통계학수강실태(완성).sav).

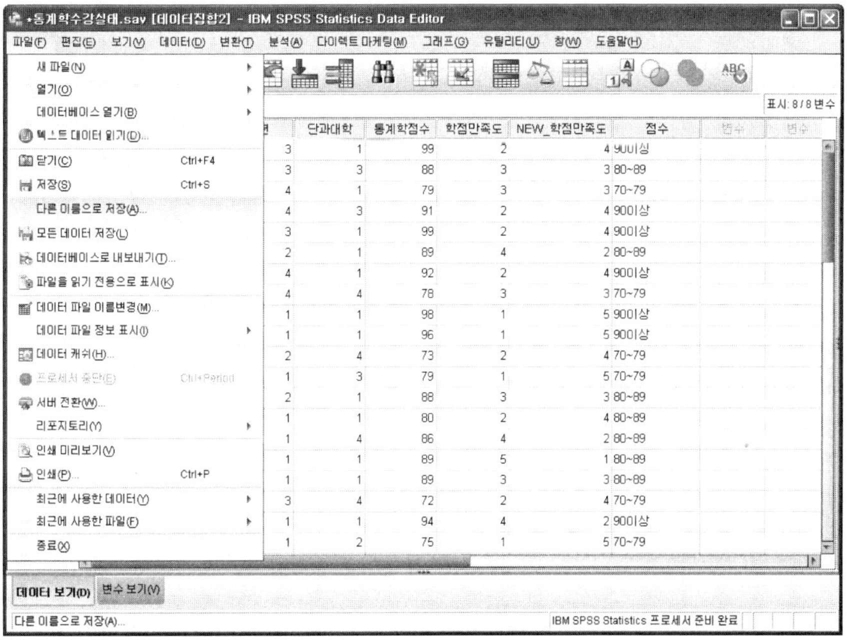

6.3.3 케이스 선택과 정렬

케이스 선택과 정렬은 입력된 케이스를 특정 조건에 맞게 선택하고 정렬하고자 할 때 사용한다.

(1) 케이스 선택

'성별'(남자=1, 여자=2로 입력)이 남자인 케이스만 선택하는 과정은 다음과 같다.

① 메뉴에서 [데이터(D)]-[케이스 선택(C)]를 선택한다.

② [케이스 선택] 대화상자에서 조건을 만족하는 케이스(C)의 조건(I)... 을 클릭한다.

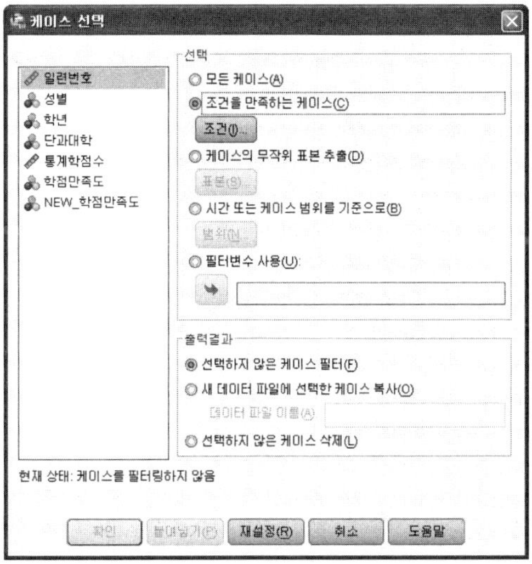

③ [케이스 선택: 조건] 대화상자에서 '성별' 변수를 선택하고 을 클릭한다. '성별=1'을 입력하고 을 클릭하고, [케이스 선택] 대화상자로 복귀하면 을 클릭한다.

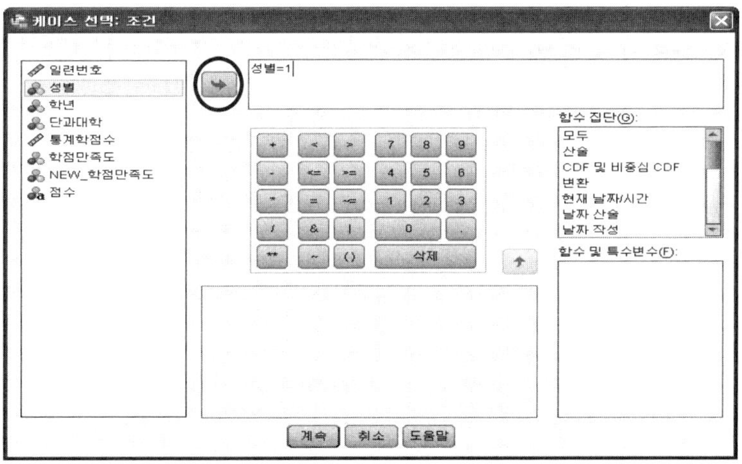

다음과 같이 선택하지 않은 '성별'이 여자인 케이스 번호에 빗금이 나타나고, 이는 모든 분석에서 제외된다.

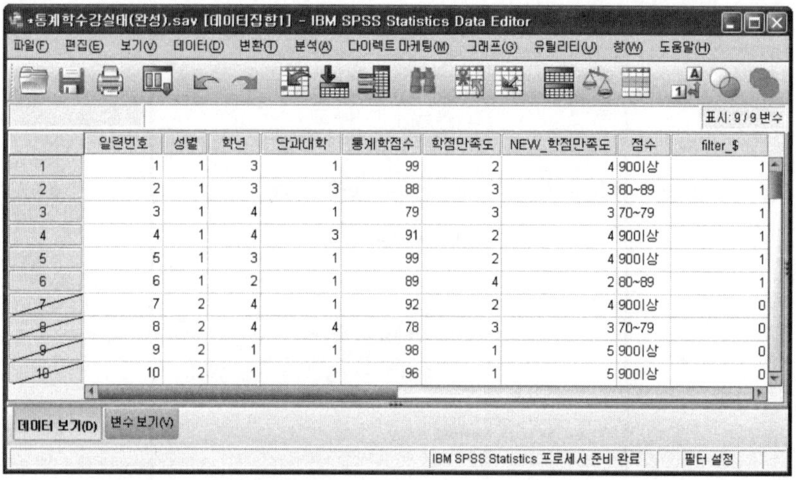

※ 선택하지 않은 케이스를 해제

메뉴에서 [데이터(D)]-[케이스 선택(C)]를 선택하여 [케이스 선택] 대화상자가 나타나면 모든 케이스(A)를 선택하고, [확인]을 클릭한다.

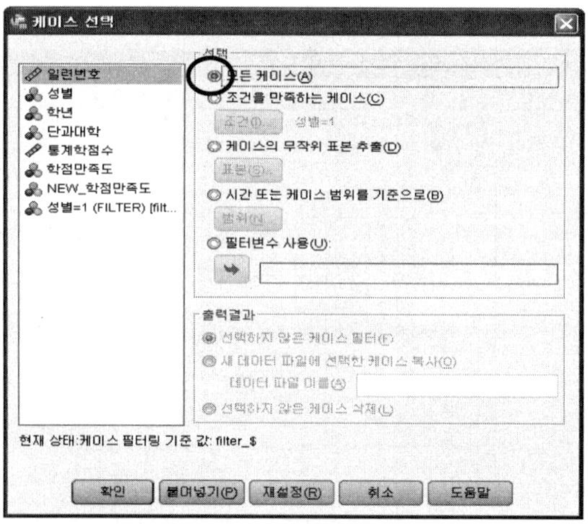

(2) 케이스 정렬

입력된 특정 케이스를 기준으로 정렬하고자 할 경우 사용한다.

'통계학점수' 케이스를 기준으로 '내림차순'으로 정렬하는 과정은 다음과 같다.

① 메뉴에서 [데이터(D)]-[케이스 정렬(O)]를 선택한다.

② [케이스 정렬] 대화상자에서 '통계학점수'를 선택하고 ➡을 클릭하여 정렬 기준(S)으로 이동시키고 정렬 순서에서 '내림차순(D)'를 선택한 다음 [확인] 을 클릭한다.

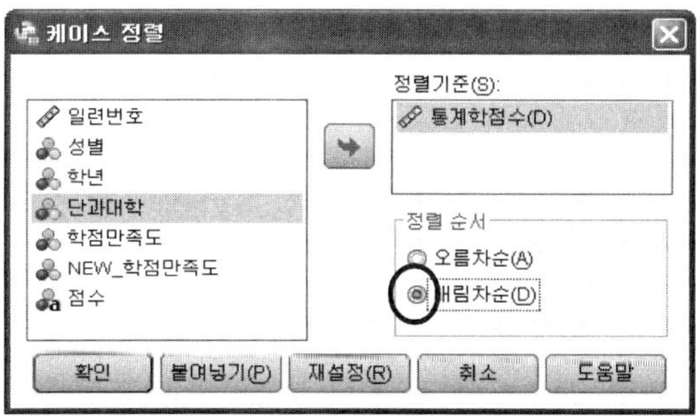

'통계학점수' 케이스를 기준으로 '내림차순'으로 정렬한 결과는 다음과 같다.

6.3.4 자료의 확인

데이터를 다른 통계적 분석에 이용하기 전에 데이터에 오류가 없이 입력되었는지, 자료의 변환은 제대로 되었는지를 점검하는 과정이 반드시 필요하다.

① 메뉴에서 [분석(A)]-[보고서(P)]-[케이스 요약(M)] 을 클릭한다.

② [케이스 요약] 대화상자의 변수 목록에서 요약할 변수를 선택하고 [통계량(S)...] 을 클릭한다.

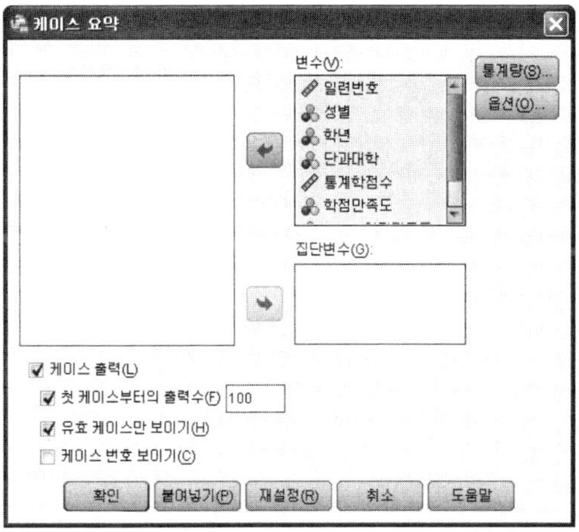

③ [요약보고서: 통계량] 대화상자의 왼쪽 통계량(S) 목록에서 출력 하고자 하는 통계량을 선택하여 오른쪽의 셀 통계량(C)으로 이동시킨 후 계속을 클릭한다.

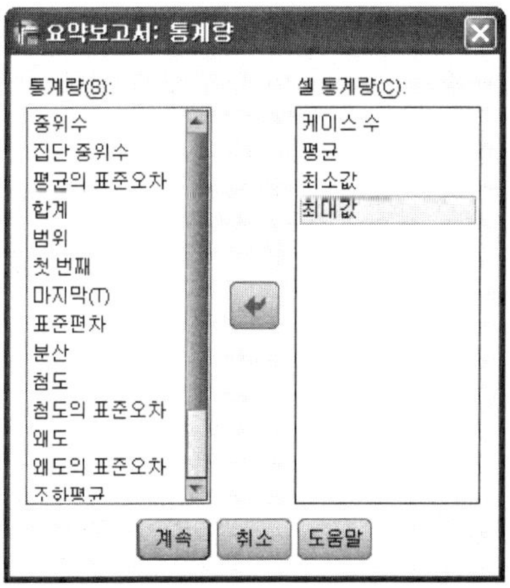

④ [케이스 요약] 대화상자가 나타나면 확인을 선택하면 다음과 같이 케이스 요약 결과가 나타난다.

케이스 요약[a]

		일련번호	성별	학년	단과대학	통계학점수	학점만족도	NEW 학점만족도	점수
1		1	남자	3학년	공과대학	99	만족	만족	90이상
2		2	남자	3학년	자연대학	88	보통	보통	80~89
3		3	남자	4학년	공과대학	79	보통	보통	70~79
4		4	남자	4학년	자연대학	91	만족	만족	90이상
5		5	남자	3학년	공과대학	99	만족	만족	90이상
6		6	남자	2학년	공과대학	89	불만	불만	80~89
7		7	여자	4학년	공과대학	92	만족	만족	90이상
8		8	여자	4학년	경상대학	78	보통	보통	70~79
9		9	여자	1학년	공과대학	98	아주 만족	아주 만족	90이상
10		10	여자	1학년	공과대학	96	아주 만족	아주 만족	90이상
11		11	남자	2학년	경상대학	73	만족	만족	70~79
12		12	남자	1학년	자연대학	79	아주 만족	아주 만족	70~79
13		13	여자	2학년	공과대학	88	보통	보통	80~89
14		14	남자	1학년	공과대학	80	만족	만족	80~89
15		15	남자	1학년	경상대학	86	불만	불만	80~89
16		16	남자	1학년	공과대학	89	매우 불만	매우 불만	80~89
17		17	여자	1학년	공과대학	89	보통	보통	80~89
18		18	남자	3학년	경상대학	72	만족	만족	70~79
19		19	남자	1학년	공과대학	94	불만	불만	90이상
20		20	남자	1학년	인문대학	75	아주 만족	아주 만족	70~79
21		21	여자	3학년	공과대학	89	아주 만족	아주 만족	80~89
22		22	여자	1학년	인문대학	71	불만	불만	70~79
23		23	여자	1학년	공과대학	94	만족	만족	90이상
24		24	남자	1학년	공과대학	98	만족	만족	90이상
25		25	남자	1학년	인문대학	74	보통	보통	70~79
26		26	남자	1학년	인문대학	70	매우 불만	매우 불만	70~79
27		27	남자	1학년	자연대학	80	만족	만족	80~89
28		28	남자	2학년	인문대학	79	만족	만족	70~79
29		29	남자	1학년	인문대학	72	아주 만족	아주 만족	70~79
30		30	남자	1학년	인문대학	31	불만	불만	60미만
합계	N	30	30	30	30	30	30	30	30
	평균	15.50	1.30	1.87	1.90	83.07	2.53	3.47	
	최소값	1	남자	1학년	공과대학	31	아주 만족	매우 불만	60미만
	최대값	30	여자	4학년	경상대학	99	매우 불만	아주 만족	90이상

a. 처음 100 케이스로 제한됨.

6.4 출력 결과 저장

6.4.1 뷰어 파일(*.spv)로 저장하기

SPSS에서 통계분석 결과는 뷰어 창에 나타나며 통계분석 결과를 뷰어 파일로 저장하기 위해 메뉴의 [파일(F)]-[저장(S)]를 선택하거나 을 클릭한다.

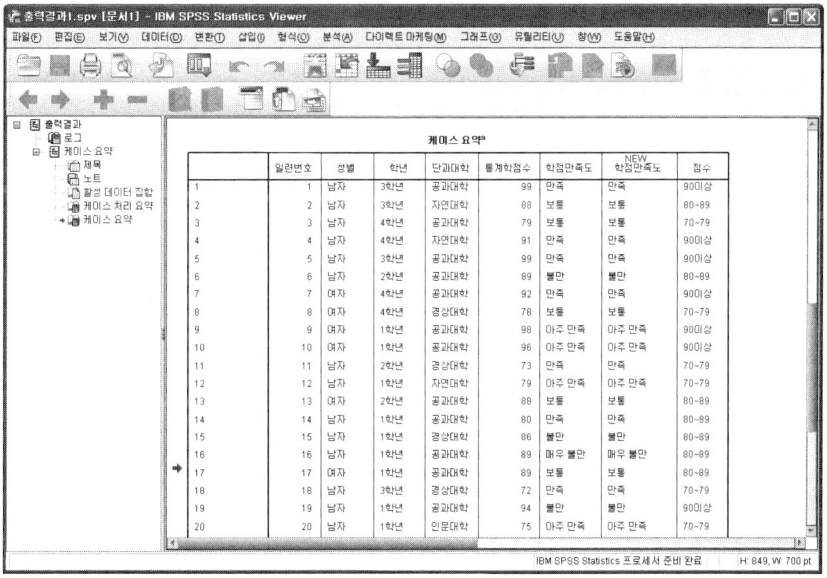

	일련번호	성별	학년	단과대학	통계학점수	학점만족도	NEW 학점만족도	점수
1	1	남자	3학년	공과대학	99	만족	만족	90이상
2	2	남자	3학년	자연대학	88	보통	보통	80~89
3	3	남자	4학년	공과대학	79	보통	보통	70~79
4	4	남자	4학년	자연대학	91	만족	만족	90이상
5	5	남자	3학년	공과대학	99	만족	만족	90이상
6	6	남자	2학년	공과대학	89	불만	불만	80~89
7	7	여자	4학년	공과대학	92	만족	만족	90이상
8	8	여자	4학년	경상대학	78	보통	보통	70~79
9	9	여자	1학년	공과대학	98	아주 만족	아주 만족	90이상
10	10	여자	1학년	공과대학	96	아주 만족	아주 만족	90이상
11	11	남자	2학년	경상대학	73	만족	만족	70~79
12	12	남자	1학년	자연대학	79	아주 만족	아주 만족	70~79
13	13	여자	2학년	공과대학	88	보통	보통	80~89
14	14	남자	1학년	공과대학	80	만족	만족	80~89
15	15	남자	1학년	경상대학	86	불만	불만	80~89
16	16	남자	1학년	공과대학	89	매우 불만	매우 불만	80~89
17	17	여자	1학년	공과대학	89	보통	보통	80~89
18	18	남자	3학년	경상대학	72	만족	만족	70~79
19	19	남자	1학년	공과대학	94	불만	불만	90이상
20	20	남자	1학년	인문대학	75	아주 만족	아주 만족	70~79

'출력을 다른 이름으로 저장' 창에서 파일명을 입력하고 [저장]을 클릭하면 뷰어 파일(*.spv)로 저장되고, 이는 SPSS 뷰어 창에서만 불러올 수 있다.

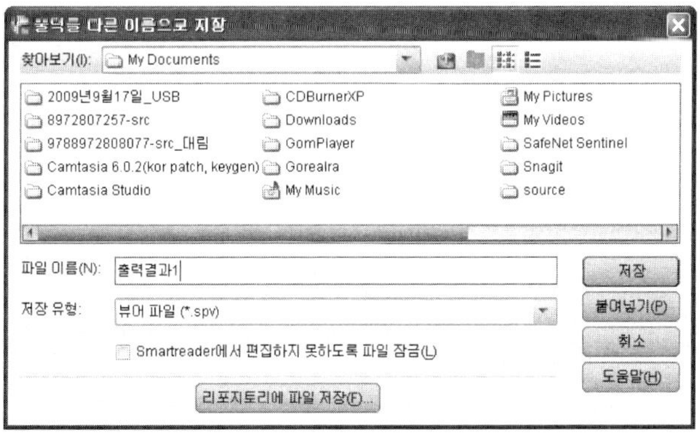

6.4.2 다른 형식으로 저장하기

SPSS 뷰어창에 나타난 출력 결과를 다른 응용프로그램(흔글, 파워포인트, 워드 등)에 삽입하기 위해 복사, 개체복사, 내보내기를 이용한다.

(1) 복사 또는 개체 복사

SPSS 뷰어 창에서 특정 출력결과를 선택한 후 마우스 오른쪽 버튼을 클릭하여 복사를 선택한다.

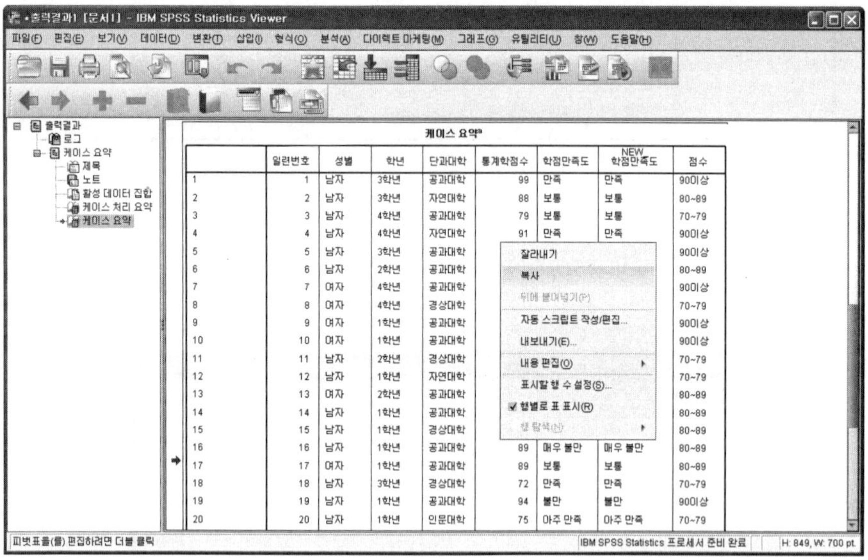

파워포인트를 열고 슬라이드에서 마우스 오른쪽 버튼을 클릭한 후 붙여넣기(P)를 선택하면 SPSS 결과물이 나타난다.

(2) 내보내기

내보내기의 파일 유형에서 HTML(*.html), 포터블 문서형식(*.pdf), Power Point(*.ppt), Word/RTF(*.doc) 등을 선택하여 저장할 수 있다. 흔글에서 SPSS 출력결과를 불러오기 위해서는 SPSS 출력결과를 HTML(*.htm) 파일형식으로 저장하여야 한다. 그 과정은 다음과 같다.

① SPSS 뷰어창 상단에 있는 내보내기 버튼 을 클릭하거나 뷰어창의 바탕에서 마우스 오른쪽 버튼을 클릭하여 내보내기(E)를 선택한다.

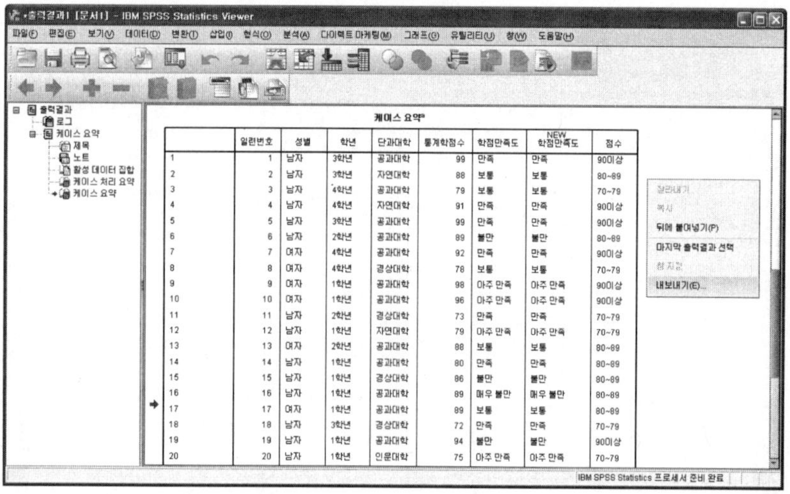

② [내 보내기 출력결과] 대화상자에서 문서의 유형을 HTML(*.htm)로 선택한 다음 파일명을 입력하고, 그래픽의 유형(Y)을 JPG 파일(*.jpg)로 선택하여 [확인]을 클릭한다. 관련된 그림파일은 자동으로 a1.jpg, a2.jpg, …로 저장된다(파일명: a.htm).

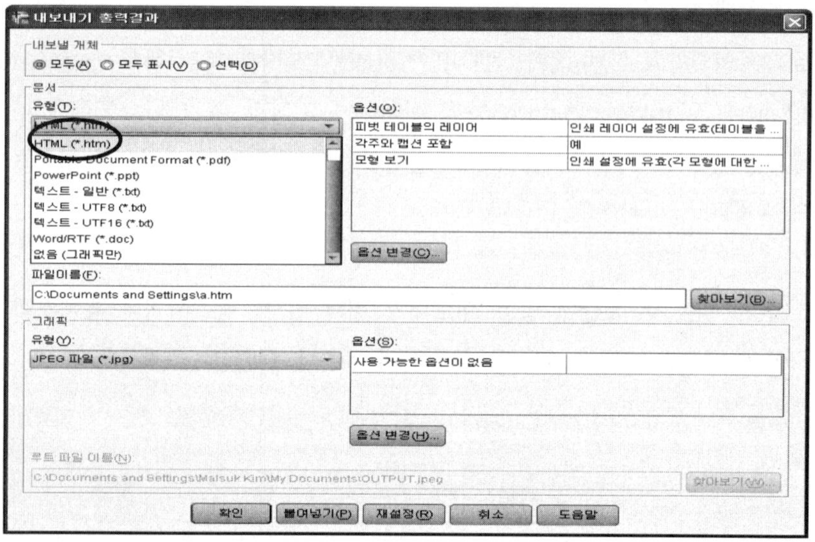

③ 혼글에서 [파일]-[불러오기]를 클릭한 다음 [불러오기] 대화상자에서 파일형식을 '모든 파일(*.*)'로 바꾸고 a.htm파일을 불러온다.

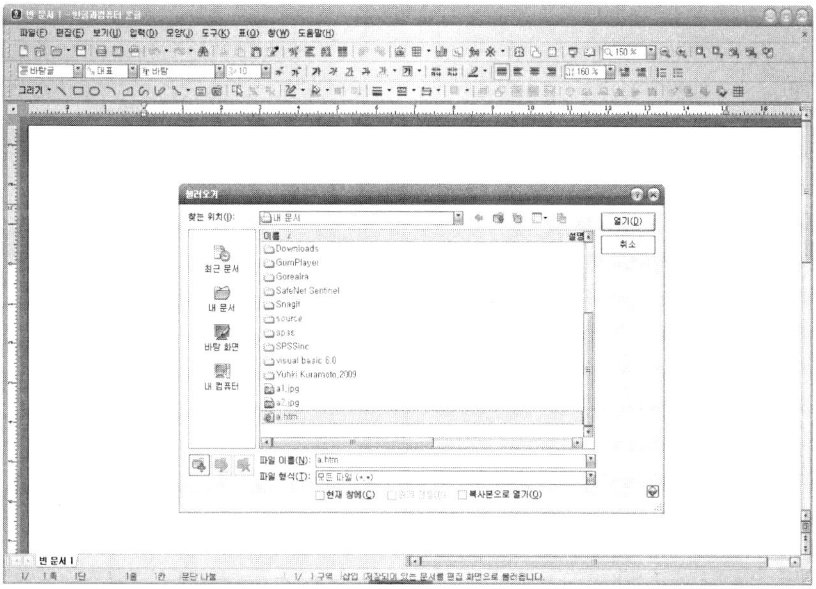

한글에 다음과 같이 나타난다.

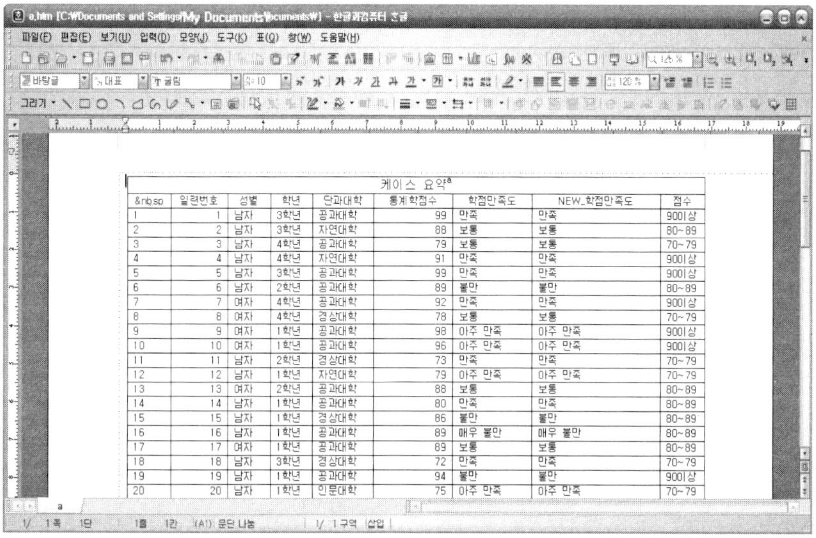

제 7 장 자료의 요약

7.1 빈도분석

빈도(frequencies)분석은 주로 질적변수에 대한 도수분포표, 교차표, 통계표를 작성하여 자료의 빈도, 퍼센트와 막대도표를 출력하여 자료를 정리하고, 원도표(pie chart), 히스토그램(histogram) 등으로 자료의 특성을 시각적으로 파악할 수 있다. 또한 빈도분석은 입력된 데이터를 다른 통계분석을 적용하기 전, 도수분포표에 나타나서는 안 될 데이터가 있는지 오류를 점검하는데 유용하게 사용된다.

본 절에서는 도수분포표, 교차표, 통계표에 대하여 알아본다.

7.1.1 도수분포표

통계학수강실태(완성).sav 데이터에서 '성별', '학년', '단과대학', 'NEW_학점만족도', '점수'에 대한 도수분포표를 작성하는 과정은 다음과 같다.

① 메뉴에서 [분석(A)]-[기술통계량(E)]-[빈도분석(F)]를 클릭한다.

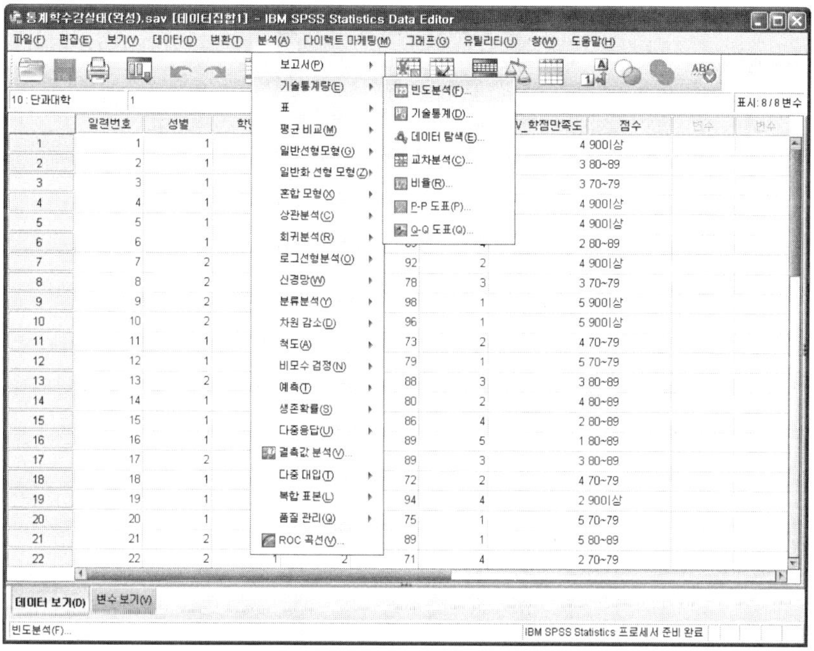

② [빈도분석] 대화상자에서 왼쪽 변수 목록에서 분석하고자 하는 변수들을 선택하고 [➡]을 클릭하면 오른쪽 변수(V) 창으로 이동된다. 막대도표, 원도표, 히스토그램을 그리기 위해 [도표(C)...]을 클릭한다.

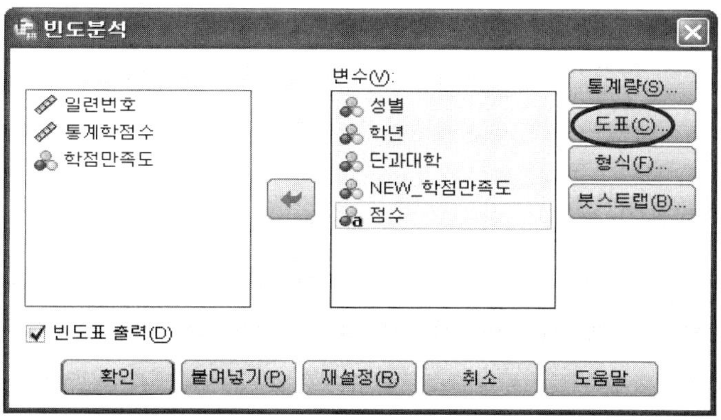

③ [빈도분석: 도표] 대화상자에서 원하는 도표 유형과 도표화 값을 선택하고 [계속]을 클릭한다.

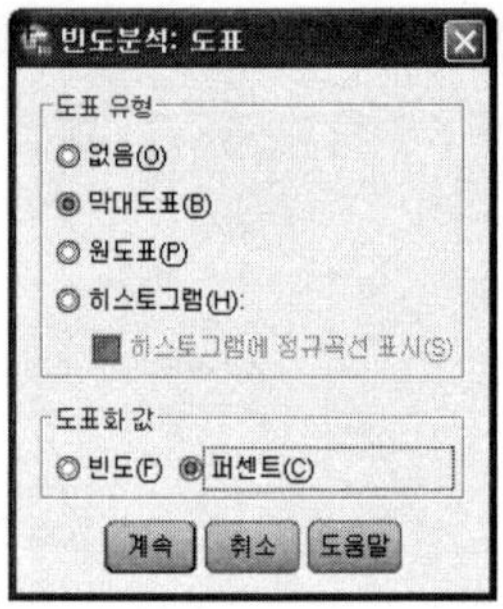

④ [빈도분석] 대화상자에서 형식(F)... 을 클릭하고 출력순서를 지정한 다음 계속 을 클릭한다. [빈도분석] 대화상자가 나타나면 확인 을 클릭한다.

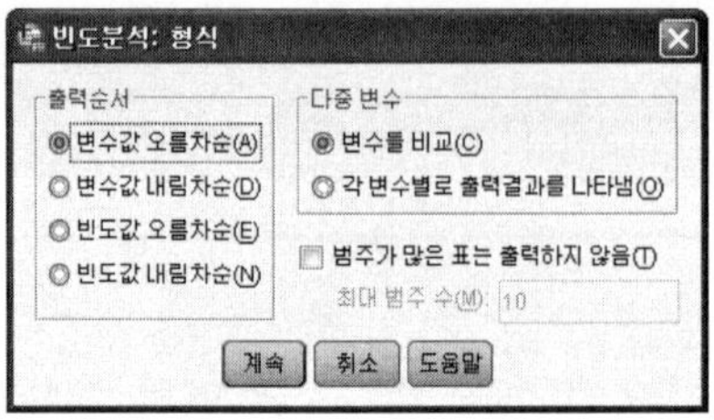

■ 분석결과 해석

- 도수분포표

점수

		빈도	퍼센트	오차한계	누적퍼센트
유효	60미만	1	3.3	3.3	3.3
	70~79	11	36.7	36.7	40.0
	80~89	9	30.0	30.0	70.0
	90이상	9	30.0	30.0	100.0
	합계	30	100.0	100.0	

유효 퍼센트는 결측치를 제외하고 계산된 퍼센트를 의미하며, 퍼센트는 결측치를 포함하여 계산된 퍼센트를 말한다. 이 결과에서는 결측치가 없으므로 퍼센트와 유효 퍼센트가 동일하게 나타났다. 전체 응답자는 30명이고, 통계학 점수가 70점~79점이 11명으로 36.7%로 가장 많았고, 60점 미만은 1명으로 3.3%로 가장 적었다.

• 막대 도표

통계학 점수에 대한 퍼센트를 시각적으로 막대도표로 나타내었다.

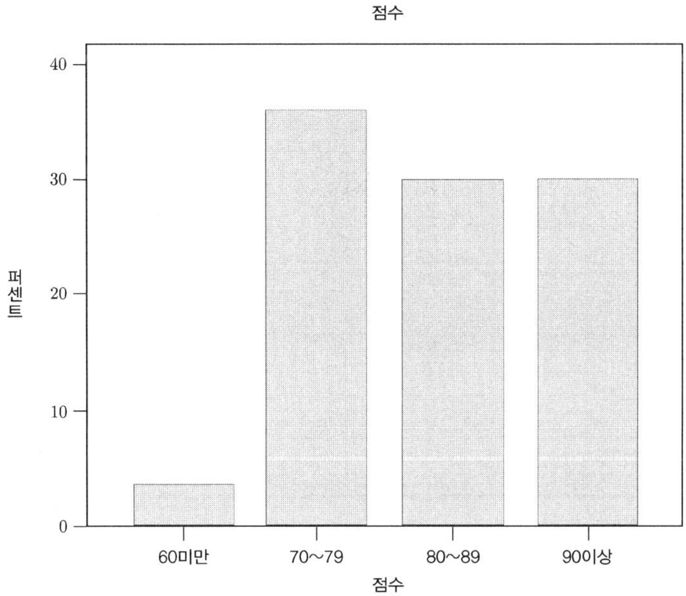

7.1.2 교차표

교차표는 이차원 도수분포표를 작성하여 두 변수간의 응답분포를 분석한다.

통계학수강실태(완성).sav 데이터에서 '성별'에 따른 'NEW_학점 만족도'의 응답자 분포를 알아보기 위해 교차표를 작성하는 과정은 다음과 같다.

① 메뉴에서 [분석(A)]-[기술통계량(E)]-[교차분석(C)]를 선택한다.

② [교차분석] 대화상자가 나타나면 변수목록에서 행(W)과 열(C)에 해당 변수를 선택하고, 셀(E)... 을 클릭한다.

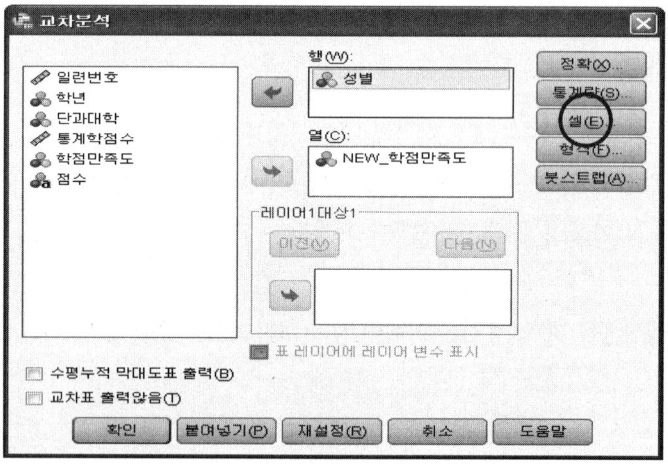

③ [교차분석: 셀 출력] 대화상자의 빈도에서 출력할 빈도를, 퍼센트에서 출력할 퍼센트를 선택한 다음 [계속]을 클릭한다.

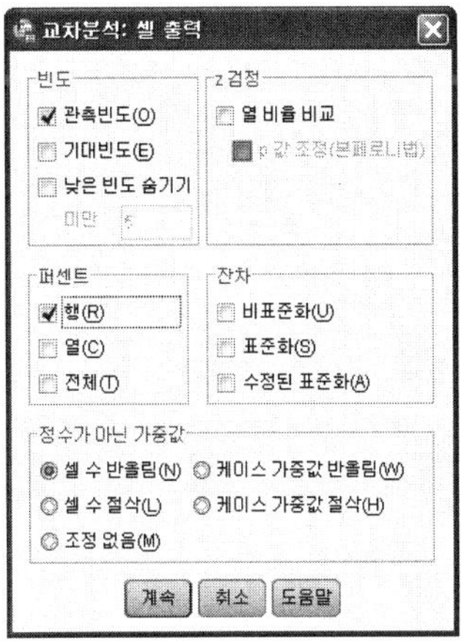

④ [교차분석] 대화상자에서 [형식(F)...]을 선택한다. [교차분석: 표 형식] 대화상자가 나타나면 행 순서를 선택하고 [계속]을 클릭한다. [교차분석] 대화상자가 다시 나타나면 [확인]을 선택한다.

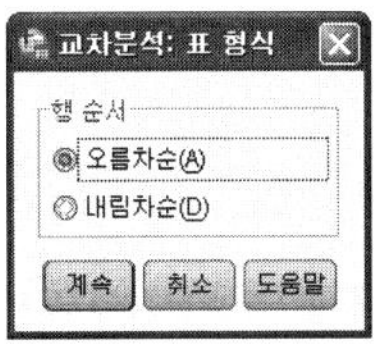

※ χ^2 검정

[교차분석] 대화상자에서 [통계량(S)...]을 클릭하고, [교차분석: 통계량] 대화상자에서 카이제곱(H)을 선택한다.

■ 분석결과 해석

성별 * NEW_학점만족도 교차표

			NEW_학점만족도					전체
			매우 불만	불만	보통	만족	아주 만족	
성별	남자	빈도	2	4	3	9	3	21
		성별 중 %	9.5%	19.0%	14.3%	42.9%	14.3%	100.0%
	여자	빈도	0	1	3	2	3	9
		성별 중 %	.0%	11.1%	33.3%	22.2%	33.3%	100.0%
전체		빈도	2	5	6	11	6	30
		성별 중 %	6.7%	16.7%	20.0%	36.7%	20.0%	100.0%

남학생 중 '만족'은 9명(42.9%)으로 가장 많았고, '불만'이 4명(19%), '매우 불만'은 2명(9.5%) 순으로 나타났다. 여학생 중 '보통'과 '아주 만족'이 각각 3명(33.3%)으로 가장 많았고, '매우 불만'은 한 명도 없었다.

7.1.3 통계표

통계표는 좀더 복잡한 형태의 표를 작성하기 위해 사용되고, 통계표를 작성하여 빈도, 퍼센트 등으로 자료를 요약, 정리할 수도 있다.

통계학수강실태(완성).sav 데이터에서 통계표를 이용하여 '성별', '학년', '단과대학' 별로 '점수'에 대한 행 빈도와 행 퍼센트를 작성하는 과정은 다음과 같다.

① 메뉴에서 [분석(A)]-[표]-[통계표 작성(C)]를 클릭한다.

② [통계표 작성] 대화상자의 변수 목록에서 행에는 '성별', '학년', '단과대학'을 열에는 '점수'를 드래그하여 이동시킨다.

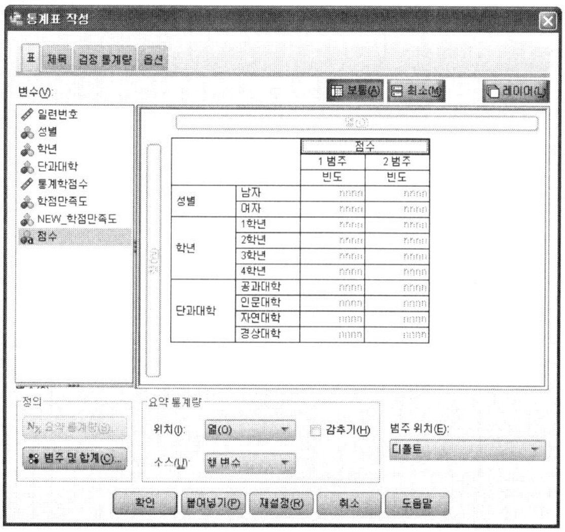

③ [통계표 작성] 대화상자에서 '단과대학'을 클릭하고 [요약 통계량(S)...]을 선택한다. [요약 통계] 대화상자의 통계량(I) 목록에서 '행 N %'을 클릭하고 [▶]을 선

택한 다음 [모든 항목에 적용(A)]을 클릭한다.

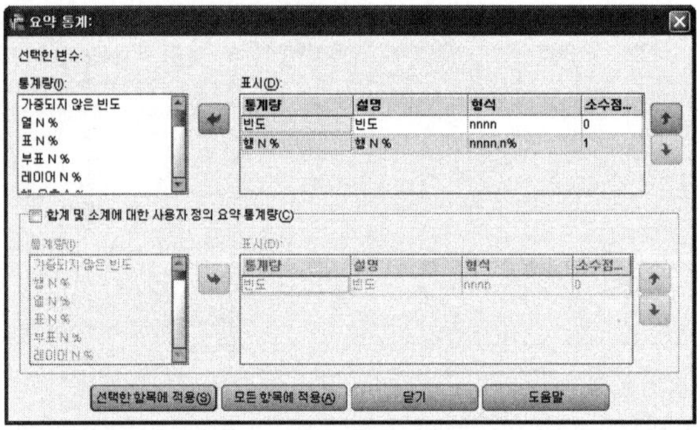

④ [통계표 작성] 대화상자에서 '단과대학'을 클릭하고 [범주 및 합계(C)...]을 선택한다. '단과대학'의 모든 범주를 선택하기 위해 [범주 및 합계] 대화상자의 보이기에 있는 '전체'를 체크(✓)하고 [적용(A)]을 클릭한다.

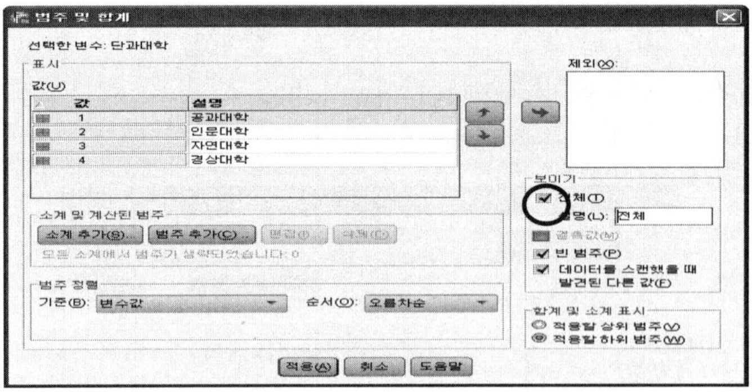

⑤ [통계표 작성] 대화상자가 나타나면 [확인]을 선택한다.

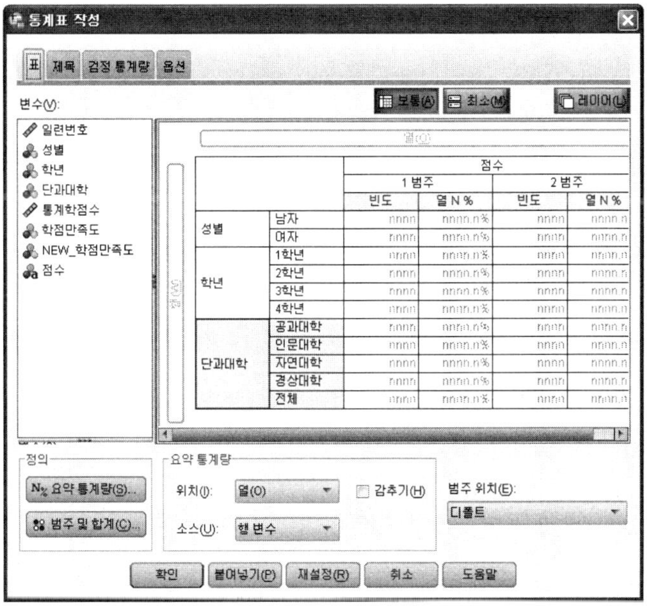

다음과 같이 통계표가 나타난다.

		점수							
		60미만		70~79		80~89		90이상	
		빈도	행 N%	빈도	행 N%	빈도	행 N%	빈도	행 N%
성별	남자	1	4.8%	9	42.9%	6	28.6%	5	23.8%
	여자	0	.0%	2	22.2%	3	33.3%	4	44.4%
학년	1학년	1	5.9%	6	35.3%	5	29.4%	5	29.4%
	2학년	0	.0%	2	50.0%	2	50.0%	0	.0%
	3학년	0	.0%	1	20.0%	2	40.0%	2	40.0%
	4학년	0	.0%	2	50.0%	0	.0%	2	50.0%
단과대학	공과대학	0	.0%	1	6.7%	6	40.0%	8	53.3%
	인문대학	1	14.3%	6	85.7%	0	.0%	0	.0%
	자연대학	0	.0%	1	25.0%	2	50.0%	1	25.0%
	경상대학	0	.0%	3	75.0%	1	25.0%	0	.0%
	합계	1	3.3%	11	36.7%	9	30.0%	9	30.0%

7.2 기술통계분석

기술통계(descriptive statistics)분석은 기술통계량을 계산하여 자료의 중심경향, 산포도, 분포 등을 파악할 수 있고, 자료의 전체적인 형태를 시각적으로 파악하기 위해 히스토그램(histogram), 상자그림(box plot), 줄기-잎-그림(stem-and-left plot)으로 표현한다. 이러한 기술통계분석은 빈도분석과 마찬가지로 양적변수의 입력오류를 발견하기 위해서도 사용된다.

여기서는 빈도분석법, 기술통계법, 데이터 탐색법, 통계표를 이용하여 기술통계량을 계산하는 방법을 알아본다.

7.2.1 빈도분석법

통계학수강실태(완성).sav 데이터에서 양적변수인 '통계학 점수'의 기술통계량과 히스토그램을 빈도분석법을 이용하여 작성하는 과정은 다음과 같다.

① 메뉴에서 [분석(A)]-[기술통계량(E)]-[빈도분석(F)]을 클릭한다.

② [빈도분석] 대화상자에서 '통계학 점수'를 선택하고 ➡을 클릭하여 변수(V)로 이동시킨 후 [통계량(S)...]을 선택한다.

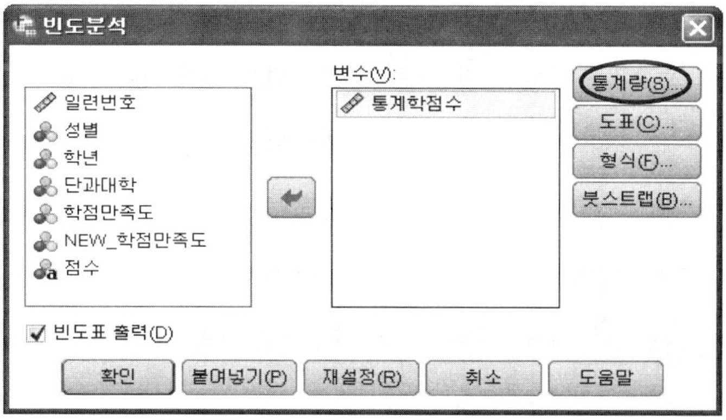

③ [빈도분석: 통계량] 대화상자에서 출력할 통계량인 백분위수 값, 중심경향, 산포도, 분포 등을 설정하고 [계속]을 클릭한다.

④ [빈도분석] 대화상자에서 [도표(C)...]을 클릭한다. [빈도분석: 도표] 대화상자에서 히스토그램(H)에 있는 히스토그램에 정규곡선 표시(S)를 지정하고 [계속]을 클릭한다.

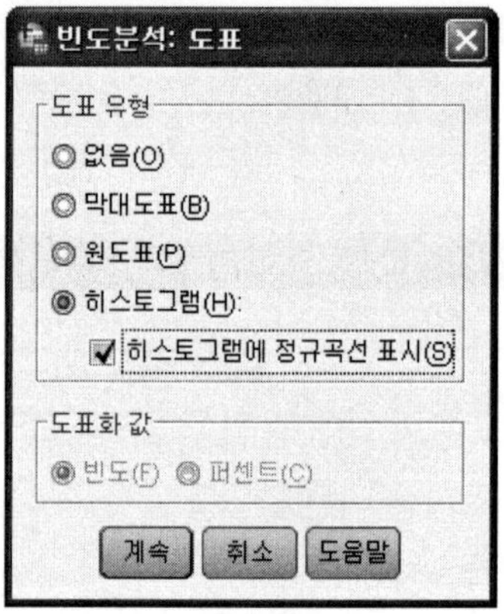

⑤ [빈도분석] 대화상자가 나타나면 확인을 선택하면 빈도분석 결과가 나타난다.

■ 분석결과 해석

- 통계량과 도수분포표

통계량

통계학점수

N	유효	30
	결측	0
평균		83.07
평균의 표준오차		2.472
중위수		87.00
최빈값		89
표준편차		13.539
분산		183.306
왜도		-1.916
왜도의 표준오차		.427
첨도		6.452
첨도의 표준오차		.833
범위		68
최소값		31
최대값		99
합계		2492
백분위수	20	73.20
	25	74.75
	50	87.00
	75	92.50
	80	94.00

통계학점수

		빈도	퍼센트	유효 퍼센트	누적 퍼센트
유효	31	1	3.3	3.3	3.3
	70	1	3.3	3.3	6.7
	71	1	3.3	3.3	10.0
	72	2	6.7	6.7	16.7
	73	1	3.3	3.3	20.0
	74	1	3.3	3.3	23.3
	75	1	3.3	3.3	26.7
	78	1	3.3	3.3	30.0
	79	3	10.0	10.0	40.0
	80	2	6.7	6.7	46.7
	86	1	3.3	3.3	50.0
	88	2	6.7	6.7	56.7
	89	4	13.3	13.3	70.0
	91	1	3.3	3.3	73.3
	92	1	3.3	3.3	76.7
	94	2	6.7	6.7	83.3
	96	1	3.3	3.3	86.7
	98	2	6.7	6.7	93.3
	99	2	6.7	6.7	100.0
	합계	30	100.0	100.0	

• 히스토그램

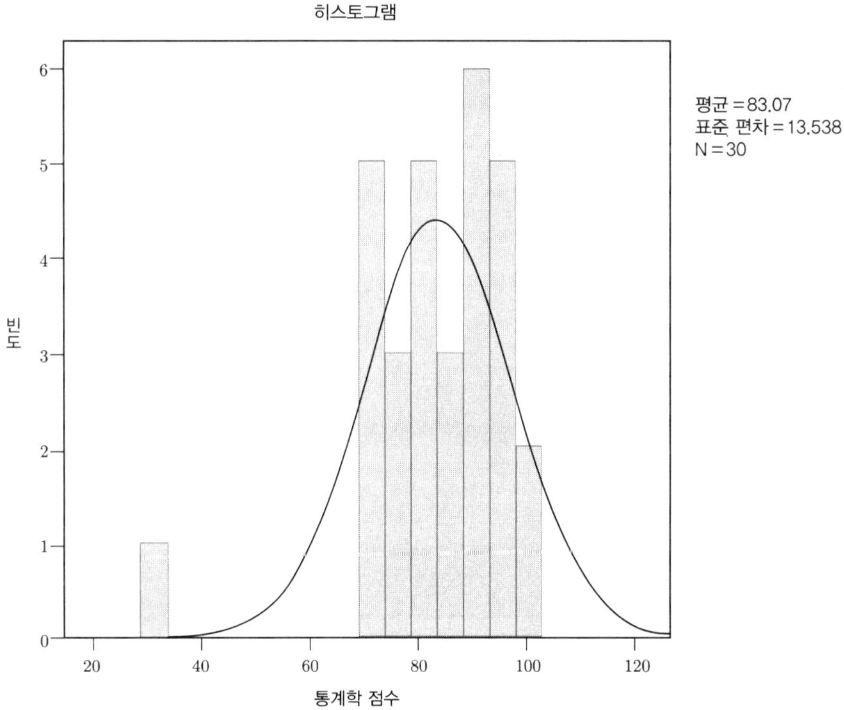

7.2.2 기술통계법

기술통계법은 기술통계는 출력하지만, 빈도분석과는 달리 도표를 그릴 수가 없다.

통계학수강실태(완성).sav 데이터에서 '통계학 점수'의 기술통계량을 기술통계법으로 작성하는 과정은 다음과 같다.

① 메뉴에서 [분석(A)]-[기술통계량(E)]-[기술통계(D)]를 클릭한다.

② [기술통계] 대화상자의 변수목록에서 분석할 변수를 변수(V)로 이동시키고 표준화 값을 변수로 저장(Z)을 선택한 다음 옵션(O)...을 클릭한다.

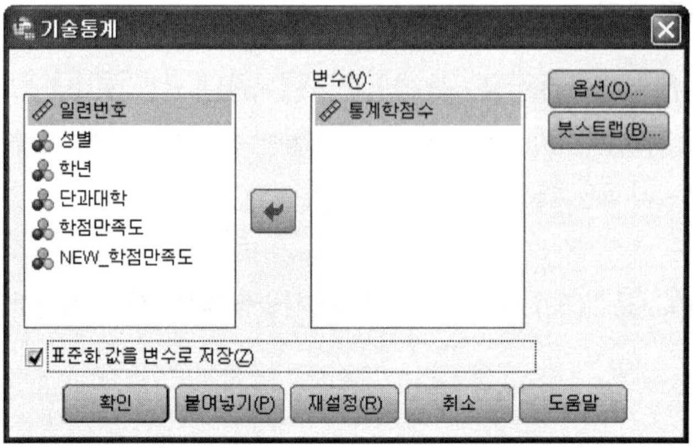

※ 표준화 값을 변수로 저장(Z)을 선택하면 Z점수(standard score)를 계산하여 표준화된 새 변수('Z통계학점수')로 생성되어 저장된다. 이때 Z점수는 (원 점수-평균)/표준편차로 구해지고 원 점수의 상대적 위치를 나타내는 값이다. 한 자료에서 모든 Z점수의 평균은 0이고 표준편차는 1이다.

③ [기술통계: 옵션] 대화상자에서 출력할 기술통계량과 출력순서를 선택한 후 [계속]을 클릭한다.

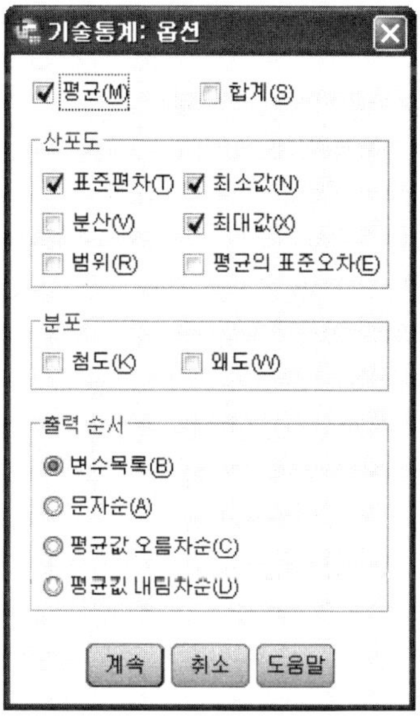

④ [기술통계] 대화상자가 나타나면 [확인]을 선택하면 다음과 같이 기술통계 결과가 나타난다.

■ 분석결과 해석

• 기술통계량

기술통계량

	N	최소값	최대값	평균	표준편차
통계학점수	30	31	99	83.07	13.539
유효수(목록별)	30				

• Z 표준화점수

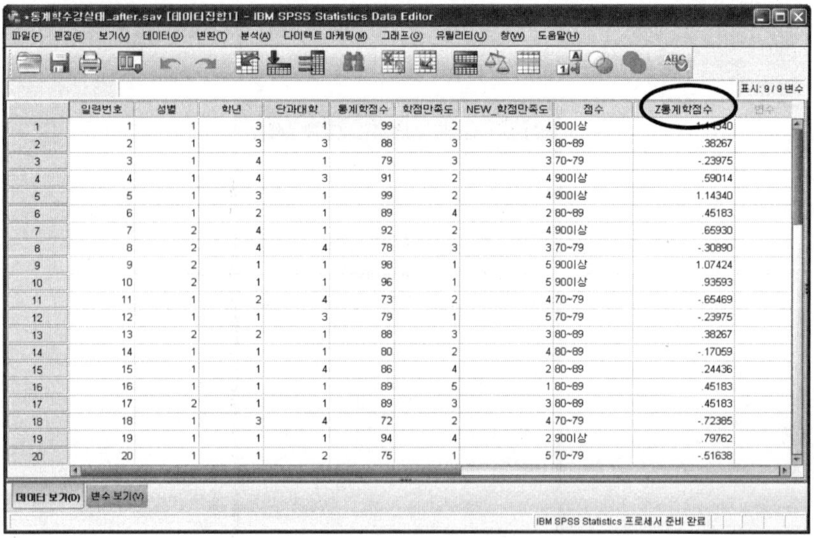

	일련번호	성별	학년	단과대학	통계학점수	학점만족도	NEW_학점만족도	점수	Z통계학점수
1	1	1	3	1	99	2	4	90이상	1.14340
2	2	1	3	3	88	3	3	80~89	.38267
3	3	1	4	1	79	3	3	70~79	-.23975
4	4	1	4	3	91	2	4	90이상	.59014
5	5	1	3	1	99	2	4	90이상	1.14340
6	6	1	2	1	89	4	2	80~89	.45183
7	7	2	4	1	92	2	4	90이상	.65930
8	8	2	4	4	78	3	3	70~79	-.30890
9	9	2	1	1	98	1	5	90이상	1.07424
10	10	2	1	1	96	1	5	90이상	.93593
11	11	1	2	4	73	2	4	70~79	-.65469
12	12	1	1	3	79	1	5	70~79	-.23975
13	13	2	2	1	88	3	3	80~89	.38267
14	14	1	1	1	80	2	4	80~89	-.17059
15	15	1	1	4	86	4	2	80~89	.24436
16	16	1	1	1	89	5	1	80~89	.45183
17	17	2	1	1	89	3	3	80~89	.45183
18	18	1	3	4	72	2	4	70~79	-.72385
19	19	1	1	1	94	4	2	90이상	.79762
20	20	1	1	2	75	1	5	70~79	-.51638

7.2.3 데이터 탐색법

데이터 탐색법에는 기술통계, 줄기 잎 그림(Steam-and-Lead Plot), 상자그림 세 가지가 출력된다.

통계학수강실태(완성).sav 데이터에서 데이터 탐색법을 이용하여 '통계학 점수'의 기술통계량을 작성하는 과정은 다음과 같다.

① 메뉴에서 [분석(A)]-[기술통계량(E)]-[데이터 탐색(E)]를 클릭한다.

② [데이터 탐색] 대화상자에서 분석할 변수 '통계학 점수'를 선택하고 [통계량(S)...]을 클릭한다.

③ [데이터 탐색: 통계량] 대화상자에서 출력할 통계량을 선택하고 [계속]을 클릭한다.

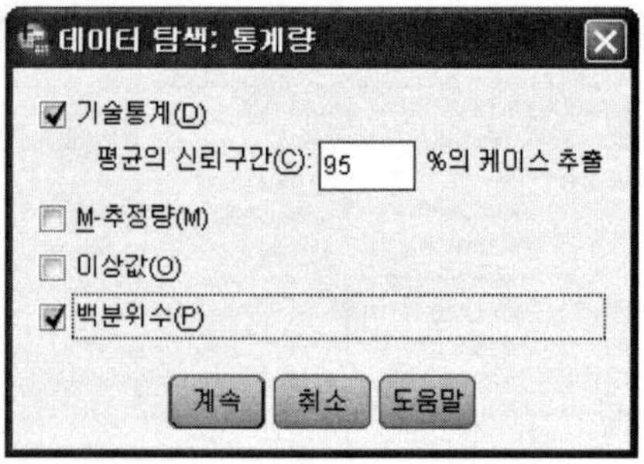

④ [데이터 탐색: 도표] 대화상자에서 도표(T)...을 클릭한다. [데이터 탐색: 도표] 대화상자에서 기술통계의 히스토그램을 선택한 후 계속을 클릭한다.

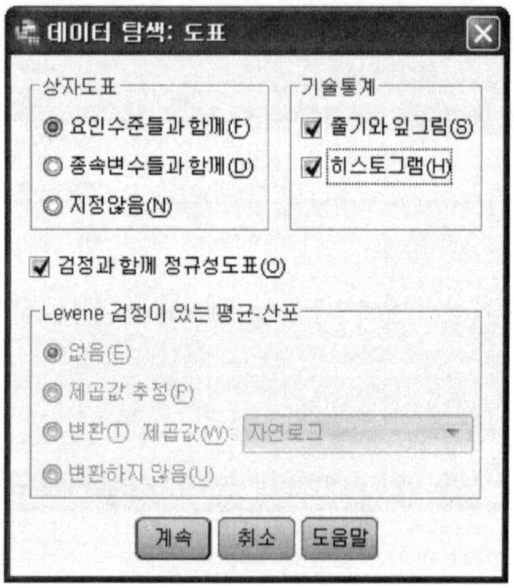

⑤ [데이터 탐색] 대화상자가 다시 나타나면 확인을 클릭하면 다음과 같이 기술통계, 히스토그램, 줄기-잎 그림(Steam-and-Leaf Plot), 상자그림의 결과가 나타난다.

■ 분석결과 해석

- 기술통계

			통계량	표준오차
통계학점수	평균		83.07	2.472
	평균의 95% 신뢰구간	하한	78.01	
		상한	88.12	
	5% 절삭평균		84.35	
	중위수		87.00	
	분산		183.306	
	표준편차		13.539	
	최소값		31	
	최대값		99	
	범위		68	
	사분위수 범위		18	
	왜도		-1.916	.427
	첨도		6.452	.833

- 백분위수

	백분위수						
	5	10	25	50	75	90	95
가중평균(정의 1) 통계학점수	52.45	71.10	74.75	87.00	92.50	98.00	99.00
Tukey의 Hinges 통계학점수			75.00	87.00	92.00		

- 정규성 검정

	Kolmogorov-Smirnov[a]			Shapiro-Wilk		
	통계량	자유도	유의확률	통계량	자유도	유의확률
통계학점수	.142	30	.125	.829	30	.000

a. Lilliefors 유의확률 수정

※ 일표본 콜모고로브-스미노브(Kolmogorov-Smirnov) 검정은 무작위로 추출된 표본들의 분포가 어떤 특정한 분포(정규, 지수, 균일, 포아송)와 일치하는지의 여부를 검정하는 것이다. 위의 결과에 의하면, 정규성 검정에 대한 귀무가설(H_0)은 "주어진 자료의 분포는 정규분포를 따른다"이고, 대립가설(H_1)은 "주어진 자료의 분포는 정규분포를 따르지 않는다"이다. 가설에 대한 검정 결과는 유의수준

0.05에서 유의확률이 0.125로 유의수준보다 크다. 따라서 귀무가설(H_0)이 기각되지 않으므로 이 자료는 정규분포를 따른다고 볼 수 있다.

• 정규 Q-Q 도표

통계학점수의 정규 Q-Q 도표

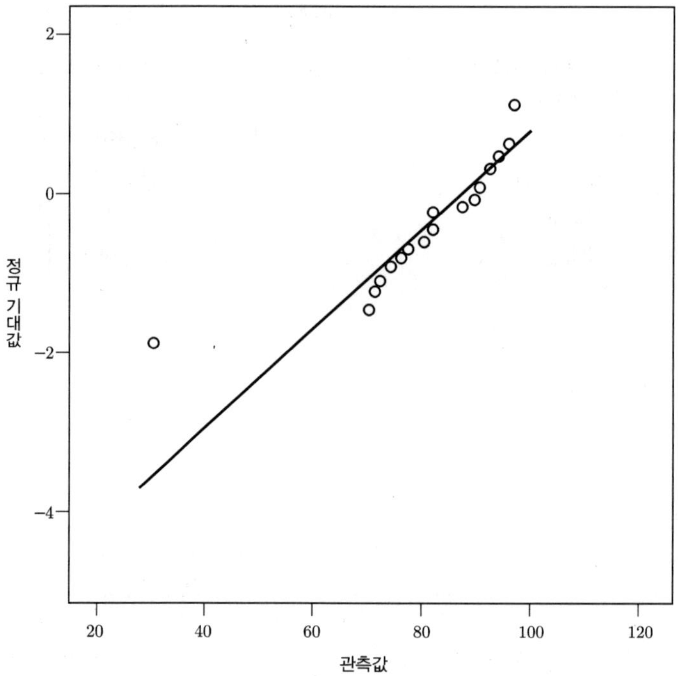

직선에 가까운 형태이므로 이 자료는 정규모형이 타당함을 알 수 있다.

- 히스토그램

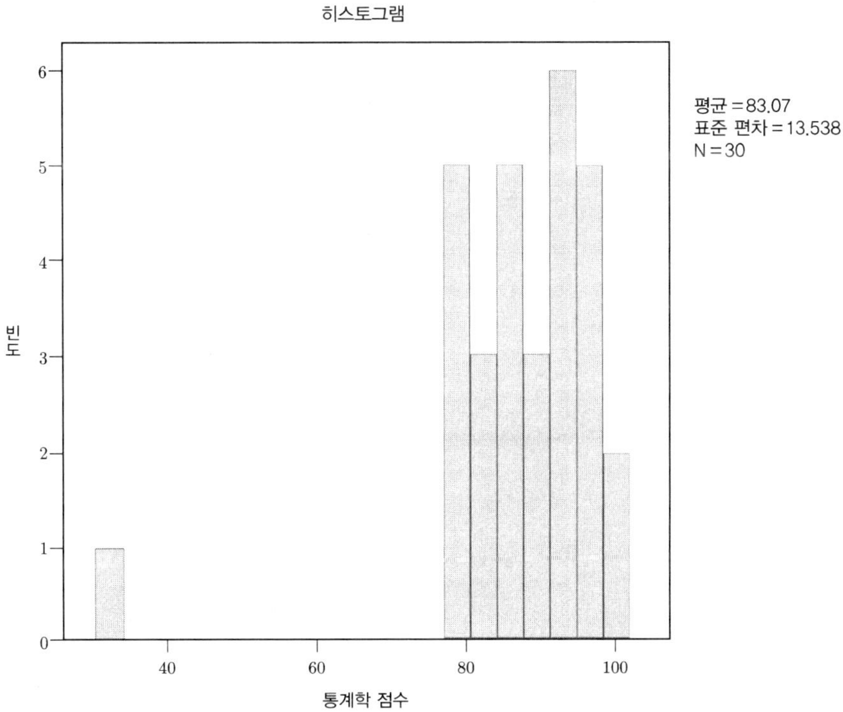

- 줄기-잎 그림(Stem-and-Leaf Plot)

```
통계학점수 Stem-and-Leaf Plot

 Frequency    Stem &  Leaf

     1.00 Extremes    (=<31)          31
     1.00        5 .  3               53
      .00        5 .
      .00        6 .
      .00        6 .
     5.00        7 .  02234           70 72 72 73 74
     5.00        7 .  58999           75 78 79 79 79
     2.00        8 .  00              80 80
     7.00        8 .  6889999         86 88 88 89 89 89 89
     4.00        9 .  1244            91 92 94 94
     5.00        9 .  68899           96 98 98 99 99

 Stem width:        10
 Each leaf:       1 case(s)
```

• 상자그림(Box Plot)

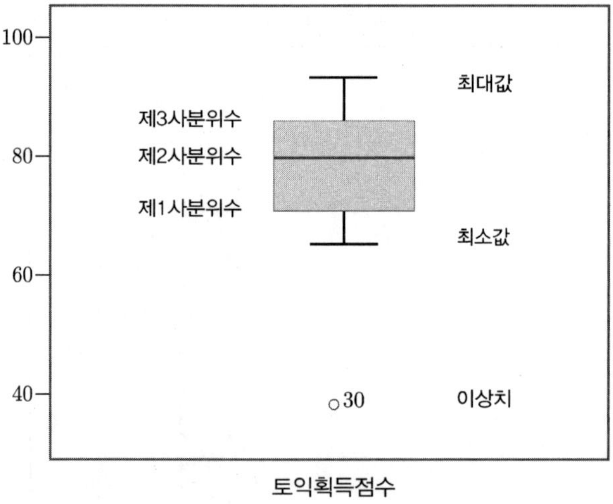

7.2.4 통계표

통계표를 작성하여 특정 변수에 대한 평균, 최대값, 중위수, 최소값, 백분위수, 분산, 표준편차 등으로 연속형 자료를 요약, 정리할 수 있다.

통계학수강실태(완성).sav 데이터에서 통계표를 이용하여 '성별', '학년', '단과대학' 별로 '통계학점수'에 대한 평균, 최대값, 중위수, 최소값을 작성하는 과정은 다음과 같다.

① 메뉴에서 [분석(A)]-[표]-[통계표 작성(C)]를 클릭한다.

② [통계표 작성] 대화상자의 변수 목록에서 행에는 '성별', '학년', '단과대학'을 열에는 '통계학점수'를 드래그하여 이동시킨다.

③ [통계표 작성] 대화상자에서 '통계학점수'를 클릭하고 N% 요약 통계량(S)...을 선택한다. [요약 통계] 대화상자의 통계량(I) 목록에서 평균, 최대값, 중위수, 최소값을 클릭하고 ➡을 선택한 다음 선택한 항목에 적용(S)을 클릭한다.

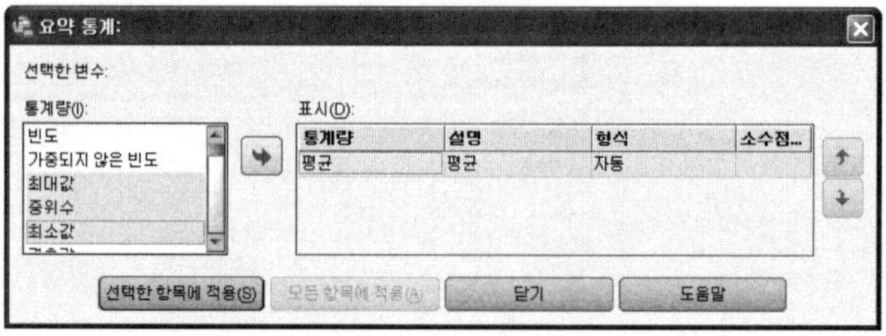

④ [통계표 작성] 대화상자가 다시 나타나면 확인을 선택하면 다음과 같이 통계표가 나타난다.

		통계학점수			
		평균	최대값	중위수	최소값
성별	남자	81	99	80	31
	여자	88	98	89	71
학년	1학년	81	98	80	31
	2학년	82	89	84	73
	3학년	89	99	89	72
	4학년	85	92	85	78
단과대학	공과대학	92	99	92	79
	인문대학	67	79	72	31
	자연대학	85	91	84	79
	경상대학	77	86	76	72
	합계	83	99	87	31

7.3 다중응답

다중응답(multiple response) 문항은 한 문항에 두 개 이상의 응답항목을 선택하도록 구성된 문항을 말하며, 다음의 문항 1이 다중응답문항에 해당한다.

【문항 1】 귀하가 취득을 희망하는 컴퓨터 자격증을 있는 대로 모두 고르시오.
① 컴퓨터활용능력 ② ITQ ③ MOS ④ GTQ ⑤ 정보처리기사

【문항 2】 귀하의 성별은?
① 남자 ② 여자

7.3.1 다중응답 문항의 입력

(1) 데이터 입력

다중응답 문항을 입력하는 방법은 이분형과 범주형 두 가지가 있다. 이분형은 응답 항목을 각각의 변수로 하여 1(선택한 경우) 또는 0(선택하지 않은 경우)으로 입력하고, 범주형은 응답 항목의 번호를 그대로 입력한다.

이분형 데이터(파일명: 자격증_이분형.sav)

	일련번호	컴퓨터활용능력	ITQ	MOS	GTQ	정보처리기사	성별
1	1	0	0	1	0	1	1
2	2	1	1	1	1	1	1
3	3	1	1	0	0	0	2

범주형 데이터(파일명: 자격증_범주형.sav)

	일련번호	자격증1	자격증2	자격증3	자격증4	자격증5	성별
1	1	3	5	.	.	.	1
2	2	1	2	3	4	5	1
3	3	1	2	.	.	.	2

(2) 변수군 정의

다중응답문항은 다중응답 변수군을 정의한 후 빈도분석이나 교차분석을 할 수 있다.

다음은 이분형으로 입력된 자격증_이분형.sav 데이터에서 다중응답 변수군을 정의하는 과정이다.

① 메뉴에서 [분석(A)]-[다중응답(U)]-[변수군 정의(E)]을 선택한다.

② [다중응답 변수군 정의] 대화상자의 변수 목록에서 다중응답문항의 변수를 선택한 다음 [➡]을 클릭하여 변수군에 포함될 변수(V)에 넣는다. 변수들의 코딩형식에서 이분형이나 범주형을 선택한다. 이분형(D)을 선택한 경우에는 빈도화 값(O)을 입력하고, 범주(G)를 선택한 경우에는 범주의 범위를 입력한다. 이름(N)에 다중응답 변수군의 이름을, 설명에 다중응답 변수에 대한 설명을 입력하고 [추가(A)]을 클릭하고 [닫기]을 클릭한다.

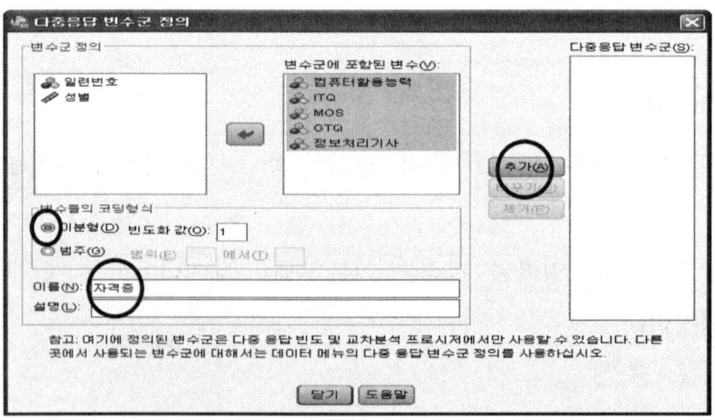

7.3.2 자료의 요약

(1) 빈도분석

앞 절에서 정의된 다중응답 변수군인 '자격증'에 대한 빈도분석 과정은 다음과 같다.

① 메뉴에서 [분석(A)]-[다중응답(U)]-[빈도분석(F)]을 클릭한다.

② [다중응답 변수군] 대화상자의 다중응답 변수군(M) 목록에서 다중응답 변수군을 선택하고 을 눌러 '표작성 응답군(T)' 목록으로 이동시킨 다음 확인 을 클릭한다.

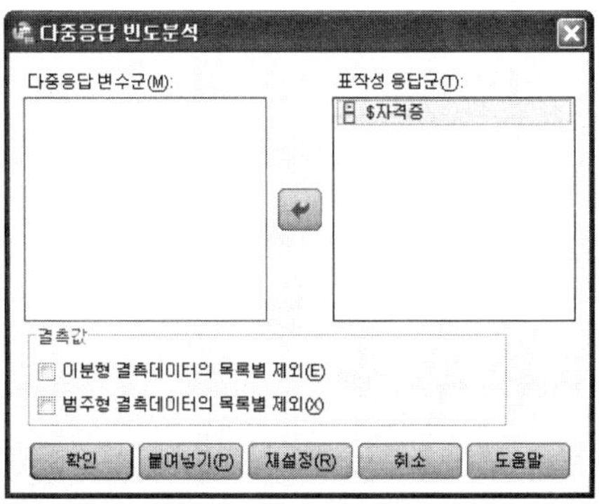

■ 분석결과 해석

케이스 요약

	케이스					
	유효		결측		합계	
	N	퍼센트	N	퍼센트	N	퍼센트
$자격증[a]	20	100.0%	0	.0%	20	100.0%

a. 값 1에서 표로 작성된 이분형 집단입니다.

$자격증 빈도

		응답		케이스 퍼센트
		N	퍼센트	
$자격증[a]	컴퓨터활용능력	14	29.2%	70.0%
	ITQ	19	39.6%	95.0%
	MOS	6	12.5%	30.0%
	GTQ	6	12.5%	30.0%
	정보처리기사	3	6.3%	15.0%
합계		48	100.0%	240.0%

a. 값 1에서 표로 작성된 이분형 집단입니다.

케이스 요약을 보면, 자격증 문항에 20명의 케이스(응답자)가 적어도 한 가지를 선택하였다. 빈도분석 결과에서 '응답'은 다중응답 변수군에 있는 모든 데이터 48개 중에서 해당 자격증을 선택한 수(N)과 퍼센트를 나타내며, '케이스 퍼센트'는 결측값을 제외한 유효 케이스 수를 전체 케이스 수인 20으로 나눈 퍼센트이다.

(2) 교차표

다중응답 변수군인 '자격증'과 '성별'의 교차표를 작성 과정은 다음과 같다.

① 메뉴에서 [분석(A)]-[다중응답(U)]-[교차분석(C)]를 클릭한다.

② [다중응답 교차분석] 대화상자에서 행(W)과 열(C)에 출력할 변수를 지정하고, 범주형 변수의 범위 지정을 위해 범위지정(G)...을 클릭한다.

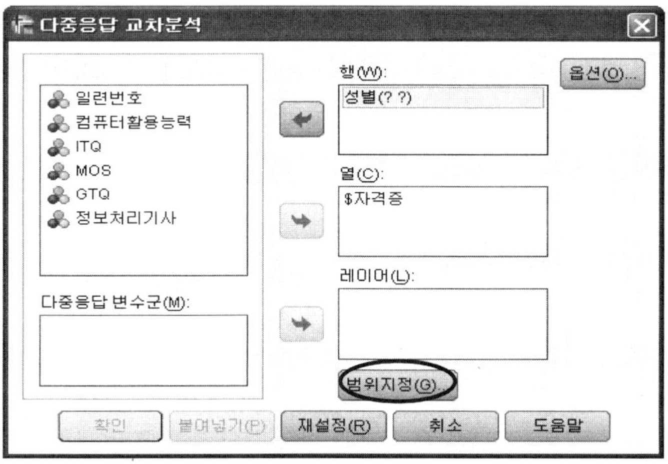

③ [다중응답 교차분석: 변수 범위 지정] 대화상자에서 범주형 변수의 최소값(N)과 최대값(X)를 지정하고 계속을 클릭한다.

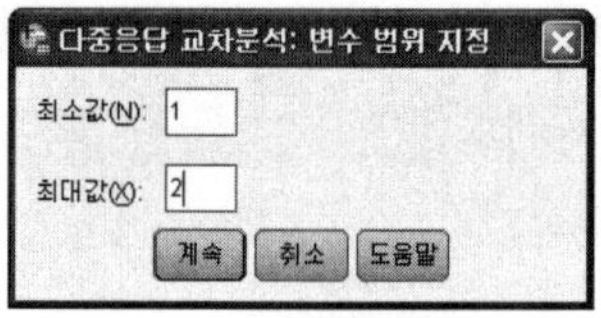

④ [다중응답 교차분석] 대화상자에서 옵션(O)...을 클릭한다. [다중응답 교차분석: 옵션] 대화상자에서 출력할 셀 퍼센트를 선택하고, 퍼센트 계산 기준을 지정한 후 계속을 클릭한다. [다중응답 교차분석] 대화상자로 복귀되면 확인을 클릭한다.

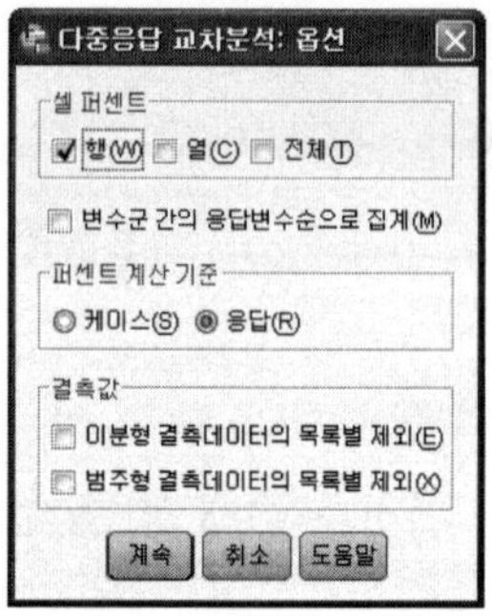

■ 분석결과 해석

성별*$자격증 교차표

			$자격증[a]					합계
			컴퓨터 활용능력	ITQ	MOS	GTQ	정보처리 기사	
성별	남자	총계	8	9	4	2	3	26
		성별 중 %	30.8%	34.6%	15.4%	7.7%	11.5%	
	여자	총계	6	10	2	4	0	22
		성별 중 %	27.3%	45.5%	9.1%	18.2%	.0%	
합계		총계	14	19	6	6	3	48

퍼센트 및 합계는 응답을 기준으로 합니다.
a. 값 1에서 표로 작성된 이분형 집단입니다.

7.4 가중값 부여

보고서의 집계된 결과를 이용하여 통계분석을 해야 할 경우에는 각 변수의 가중값이 1이 아닌 값을 가지므로 가중변수를 사용하여 케이스에 대한 가중값을 줄 수 있다. 다음은 한국갤럽연구소의 '2011년 한국인과 꽃' 갤럽리포트 가운데 성별과 연령별로 최근 1년간 꽃나무 구입 여부를 집계한 결과로 각 셀에 있는 빈도는 가중값이 된다.

〈최근 1년간 꽃나무 구입 여부〉

변수 \ 꽃나무 구입여부		있다(1)	없다(2)	사례수
성별	남자	288	453	741
	여자	404	354	758
연령	19~29세 (1)	66	231	297
	30대 (2)	147	178	325
	40대 (3)	186	152	338
	50대 (4)	152	101	253
	60대 (5)	141	146	287

* 한국갤럽연구소, 갤럽리포트 '2011년 한국인과 꽃'

7.4.1 데이터 입력

'연령'에 따른 '구입여부'의 빈도가 가중값(freq)인 경우의 데이터 입력방법을 알아보고자 한다.

(1) 입력

가중값(freq)이 있는 '연령'에 따른 '구입여부'의 데이터는 다음과 같이 입력한다(파일명: 꽃나무구입여부.sav).

	연령	구입여부	freq
1	1	1	66
2	1	2	231
3	2	1	147
4	2	2	178
5	3	1	186
6	3	2	152
7	4	1	152
8	4	2	101
9	5	1	141
10	5	2	146

(2) 가중값 부여

꽃나무구입여부.sav 데이터에서 '연령'과 '구입여부'의 빈도, 즉 가중값(freq)을 지정하는 방법은 다음과 같다.

① 메뉴에서 [데이터(D)]-[가중 케이스(W)]를 클릭한다.

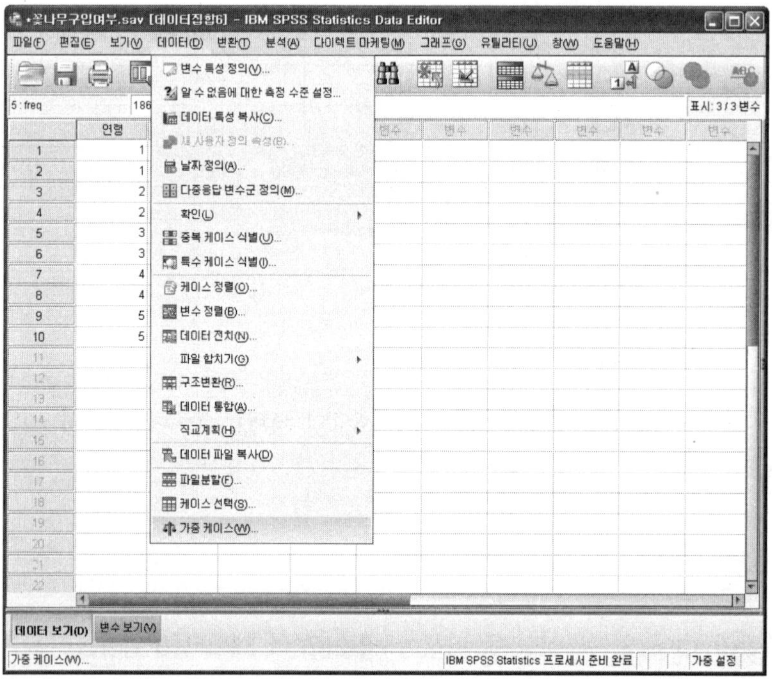

② [가중 케이스] 대화상자에서 가중 케이스 지정(W)를 선택하고 변수 목록에서 빈도변수를 선택한 후 ➡을 클릭하여 빈도변수(F) 란으로 이동시키고 확인을 클릭한다.

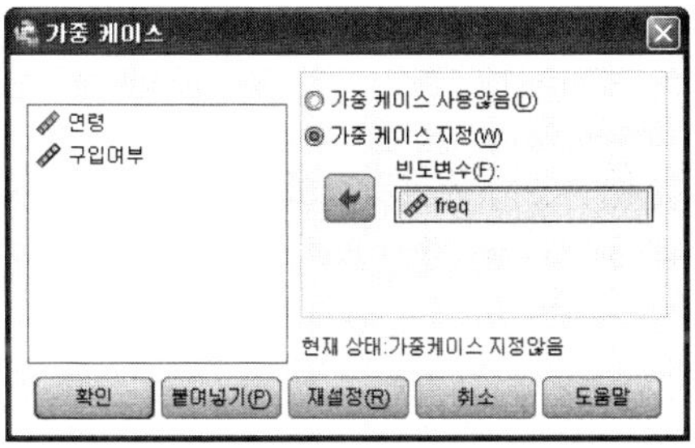

7.4.2 자료 요약

(1) 빈도분석

앞 절에서 지정한 가중값(freq)에 대한 '연령'과 '구입여부'의 빈도분석 방법은 다음과 같다.

① 메뉴에서 [분석(A)]-[기술통계량(E)]-[빈도분석(F)]를 클릭한다.

② [빈도분석] 대화상자에서 출력할 빈도변수를 선택하고 [확인]을 클릭한다.

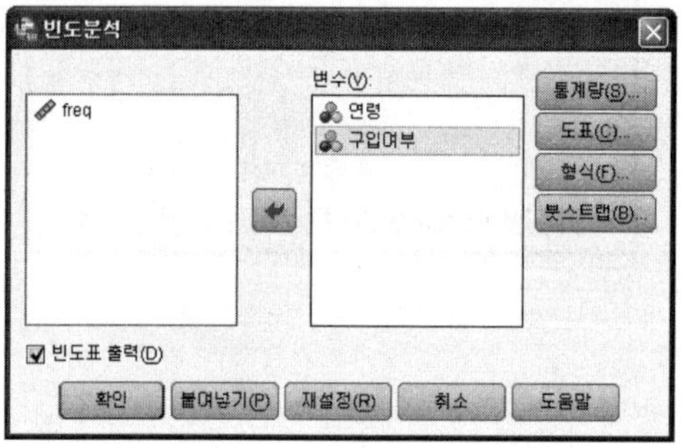

■ **분석결과 해석**

연령

		빈도	퍼센트	유효퍼센트	누적퍼센트
유효	19~29세	297	19.8	19.8	19.8
	30대	325	21.7	21.7	41.5
	40대	338	22.5	22.5	64.0
	50대	253	16.9	16.9	80.9
	60대	287	19.1	19.1	100.0
	합계	1500	100.0	100.0	

구입여부

		빈도	퍼센트	유효퍼센트	누적퍼센트
유효	있다	692	46.1	46.1	46.1
	없다	808	53.9	53.9	100.0
	합계	1500	100.0	100.0	

(2) 교차표

지정된 가중값(freq)의 '연령'별 '구입여부'에 대한 교차표를 작성 과정은 다음과 같다.

① 메뉴에서 [분석(A)]-[기술통계량(E)]-[교차분석(C)]를 클릭한다.

② [교차분석] 대화상자에서 행(W), 열(C)에 출력할 변수를 선택하고 [셀(E)...] 을 클릭한다.

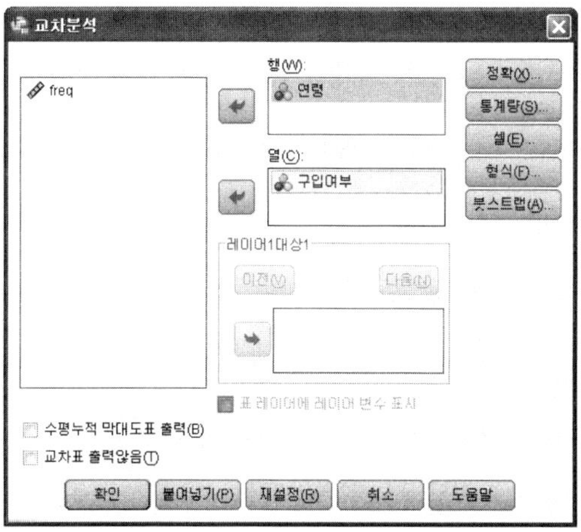

③ [교차분석: 셀 출력] 대화상자에서 셀에 출력할 빈도, 퍼센트를 선택한 후 [계속]을 클릭하고, [교차분석] 대화상자에서 [확인]을 클릭한다.

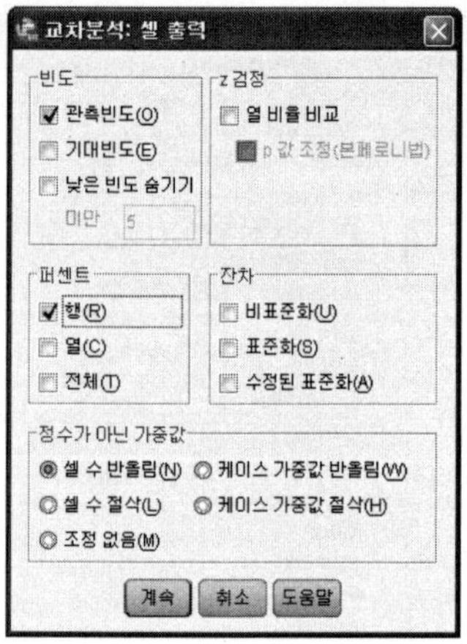

※ χ^2 검정

[교차분석] 대화상자에서 통계량(S)...을 클릭하고, [교차분석: 통계량] 대화상자에서 카이제곱을 선택한다.

■ **분석결과 해석**

연령*구입여부 교차표

			구입여부		전체
			있다	없다	
연령	19~29세	빈도	66	231	297
		연령 중 %	22.2%	77.8%	100.0%
	30대	빈도	147	178	325
		연령 중 %	45.2%	54.8%	100.0%
	40대	빈도	186	152	338
		연령 중 %	55.0%	45.0%	100.0%
	50대	빈도	152	101	253
		연령 중 %	60.1%	39.9%	100.0%
	60대	빈도	141	146	287
		연령 중 %	49.1%	50.9%	100.0%
전체		빈도	692	808	1500
		연령 중 %	46.1%	53.9%	100.0%

최근 1년 간 화분이나 땅에 심을 꽃나무를 구입한 경험자는 46.1%였다. 연령별로 살펴보면 꽃나무 구입 경험은 19~20세 22.2%, 30대 45.2%, 40대 55.0%로 점차 증가해 50대에서 60.1%로 가장 많았다.

7.5 사례연구

'한국 청소년 탄력성 척도와 삶에 대한 태도'와의 관계를 조사하기 위해 다음과 같은 문항으로 구성된 설문지를 임의 표집한 200명의 청소년을 대상으로 설문조사를 실시하였다. 탄력성이란 삶의 위험과 스트레스에도 불구하고 성공적 적응이나 발달을 성취하는 능력으로 정신적 저항성을 말한다.

응답자 기초사항은 성별, 학년, 가족 형태 세 문항으로 이루어져 있고, 설문은 삶에 대한 태도 10개 문항과 탄력성 척도 18개 문항으로 총 28개 문항으로 구성되어 있으며, 모두 6점(1=전혀 그렇지 않다, 6=매우 그렇다) 척도로 응답하도록 하였다. 또한 탄력성 척도는 세 개 영역, 즉 가정탄력성, 학교탄력성, 또래탄력성 영역으로 각각 6개 문항으로 구성되어 있다. 한편 부정적인 문항으로 인해 역채점된 문항은 삶에 대한 태도인 문항 1과 문항 6, 탄력성 문항 2로 세 개 문항이다(파일명: 탄력성척도.sav).

【문항 1】 학생의 성별은 ? ① 남 ② 여
【문항 2】 학생의 학년은? ________________
① 중학교 1학년 ② 중학교 2학년 ③ 중학교 3학년
④ 고등학교 1학년 ⑤ 고등학교 2학년 ⑥ 고등학교 3학년
【문항 3】 학생의 가족 형태는?
① 한 부모 가정 ② 3~4인 가족 ③ 확대가족 ④ 그 외

<table>
<tr><th colspan="2">영역</th><th>변수명</th><th>문항 수</th><th>해당 문항</th><th>응답</th></tr>
<tr><td colspan="2">삶에 대한 태도</td><td>A1-A10</td><td>10</td><td>1* 2 3 4 5
6* 7 8 9 10</td><td rowspan="4">①전혀 그렇지 않다
②거의 그렇지 않다
③그렇지 않다
④그렇다
⑤거의 그렇다
⑥매우 그렇다</td></tr>
<tr><td rowspan="3">탄력성</td><td>가정</td><td rowspan="3">B1-B18</td><td>6</td><td>2* 11 12 14 16 18</td></tr>
<tr><td>학교</td><td>6</td><td>1 4 5 7 8 10</td></tr>
<tr><td>또래</td><td>6</td><td>3 6 9 13 15 17</td></tr>
</table>

* 역채점 문항

삶에 대한 태도 문항	
1. 나는 내가 누구인지 어디서 왔는지 혹은 어디로 가고 있는지 잘 모른다.	6. 나는 세상살이가 그리 즐겁지 않다.
2. 나는 나의 삶을 긍정적으로 본다.	7. 나는 나의 미래를 긍정적으로 본다.
3. 나는 나의 장래가 확실하다.	8. 나는 삶이 행복으로 차 있다고 느낀다.
4. 나는 나의 삶에 만족감을 느낀다.	9. 나는 사는 데 큰 의미를 느낀다.
5. 나는 내가 살아가는 방향이 옳다고 여긴다.	10. 나는 내 삶에 어떤 진정한 목적이 있다고 믿는다.

탄력성 문항	
1. 내가 어려운 일이 있을 때 들어줄 수 있는 선생님이 계신 것 같다.	10. 가족, 학교선생님 외에 내가 최선을 다하기를 바라는 어른이 계신 것 같다.
2. 집에서 무슨 일을 결정할 때 나의 의견은 무시되는 편이다.	11. 나의 부모님(보호자)은 나의 학교생활에 관심을 가지고 있다.
3. 내 친구들은 물건을 훔치거나 싸우지 않는다.	12. 나의 부모님(보호자)은 내가 할 말이 있을 때 내 말을 들어준다.
4. 내가 무슨 일을 잘 해냈을 때 칭찬해 주는 선생님이 계신 것 같다.	13. 나는 친구가 어려울 때 기꺼이 도와주려고 한다.
5. 가족, 학교선생님 외에 내가 신뢰할 만한 어른이 계신 것 같다.	14. 나의 부모님(보호자)은 내가 우울하거나 두려워하거나 속상해할 때 알아차린다.
6. 내 친구들은 학교에서 규칙을 지킨다.	15. 나는 또래의 다른 학생들과 함께 일하는 것을 좋아한다.
7. 내가 최선을 다하기를 바라는 선생님이 계신 것 같다.	16. 나는 집에서 무엇을 결정하는 일에 나의 의견을 말할 수 있다.
8. 가족, 학교선생님 외에 나를 도와줄 수 있는 어른이 계신 것 같다.	17. 대가를 바라지 않고 내 부탁을 들어주는 친구가 있다.
9. 내 친구들은 학교생활을 잘 한다.	18. 어떤 일이라도 부모님과 상의할 수 있다.

7.5.1 변수 계산

(1) 역채점 문항의 코딩 변경

탄력성척도.sav 데이터에서 역채점 문항 A1, A6, B2를 변수계산을 이용하여 같은 변수로 코딩을 변경하는 과정은 다음과 같다.

① 메뉴에서 [변환(T)]-[변수 계산(C)]를 클릭한다.

② [변수 계산] 대화상자에서 대상변수(T)에 변수이름 'A1'을 입력하고, 숫자 표현식(E)에 '7-A1'을 입력하고 [확인]을 클릭한다.

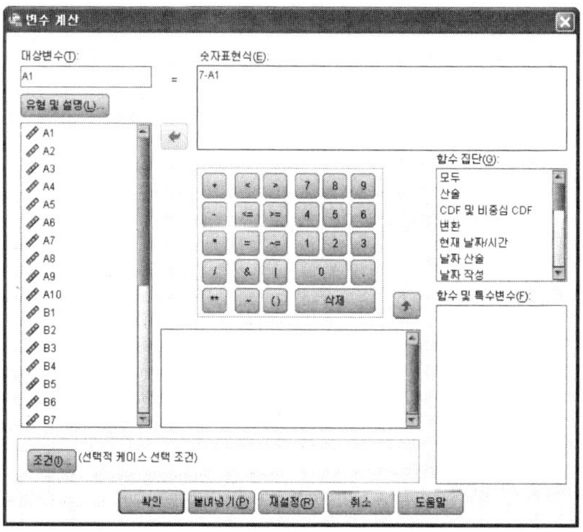

③ "기존 변수를 바꾸시겠습니까?"라는 창이 나타나면 [확인]을 클릭한다.

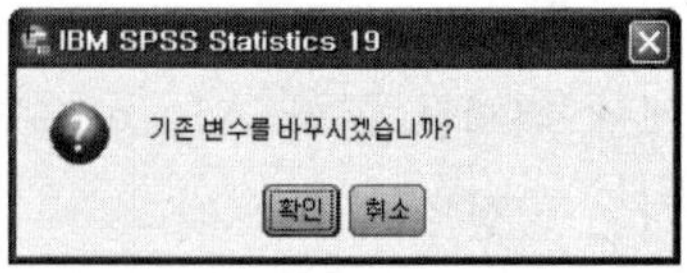

④ 위의 ②와 ③을 반복하여 'A6대상변수(T)에 변수이름 'A6'을 입력하고, 숫자표현식(E)에 '7-A6'을 입력하고 [확인]을 클릭한다.

⑤ 대상변수(T)에 변수이름 'B2'를 입력하고, 숫자표현식(E)에 '7-B2'를 입력하고 [확인]을 클릭한다.

다음과 같이 역채점 문항 A1, A6, B2의 변수값이 변경되었다.

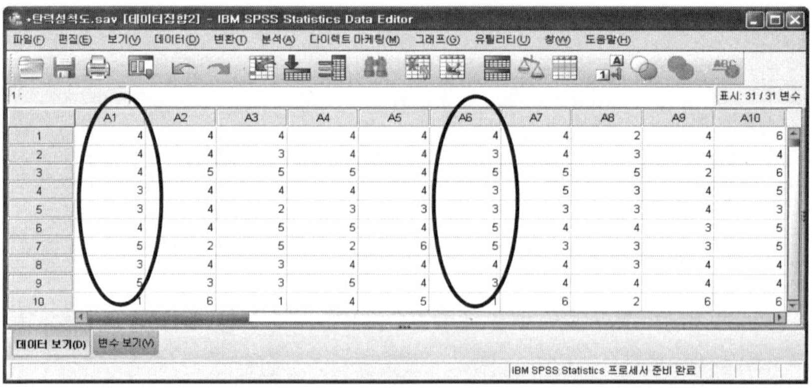

(2) 영역별 합계 계산

통계분석을 위하여 세 개 영역의 탄력성과 삶에 대한 태도의 합을 계산한다.

<table>
<tr><th colspan="2">영역</th><th>변수</th><th>숫자 표현식</th></tr>
<tr><td colspan="2">삶에 대한 태도</td><td>AA0</td><td>=SUM(A1,A2,A3,A4,A5,A6,A7,A8,A9,A10)</td></tr>
<tr><td rowspan="4">탄력성</td><td>가정탄력성</td><td>BB1</td><td>=SUM(B2,B11,B12,B14,B16,B18)</td></tr>
<tr><td>학교탄력성</td><td>BB2</td><td>=SUM(B1,B4,B5,B7,B8,B10)</td></tr>
<tr><td>또래탄력성</td><td>BB3</td><td>=SUM(B3,B6,B9,B13,B15,B17)</td></tr>
<tr><td>탄력성</td><td>BB0</td><td>=SUM(B1,B2,B3,B4,B5,B6,B7,B8,B9,B10,
B11,B12,B13,B14,B15,B16,B17,B18)</td></tr>
</table>

① 메뉴의 [변환(T)]-[변수계산(C)]을 선택한다.

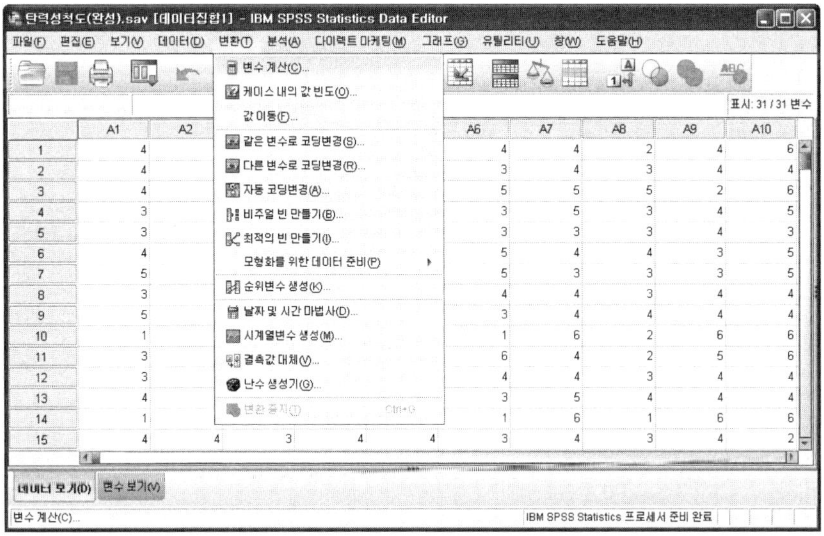

② [변수 계산] 대화상자의 대상변수(T)에 'AA0'을 입력하고, [유형 및 설명(L)...]을 클릭하여 '삶에대한태도'를 입력 후 [계속]을 클릭한다. 숫자표현식(E)에 '=SUM(A1, A2, A3, A4, A5, A6, A7, A8, A9, A10)'을 입력하고 [확인]을 클릭하면 변수 AA0이 생성된다.

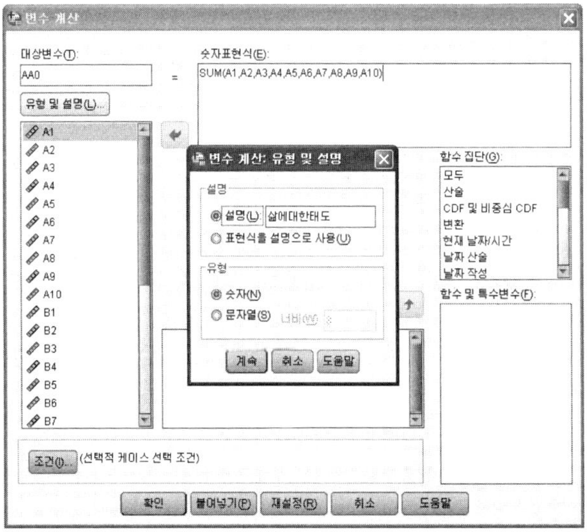

③ 같은 방법으로 [변환]-[변수계산]에서 변수 BB1(가정탄력성), BB2(학교탄력성), BB3(또래탄력성), BB0(탄력성)을 계산하면, 다음과 같이 AA0, BB1, BB2, BB3, BB0 변수가 생성된다.

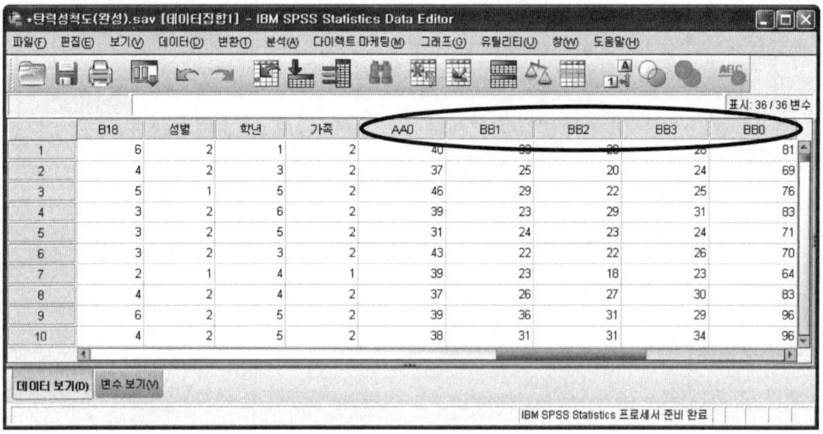

④ 변수 보기(V) 탭을 클릭하여 생성된 변수의 소수점 이하 자리수를 '0'으로 입력한다(파일명: 탄력성척도(완성).sav).

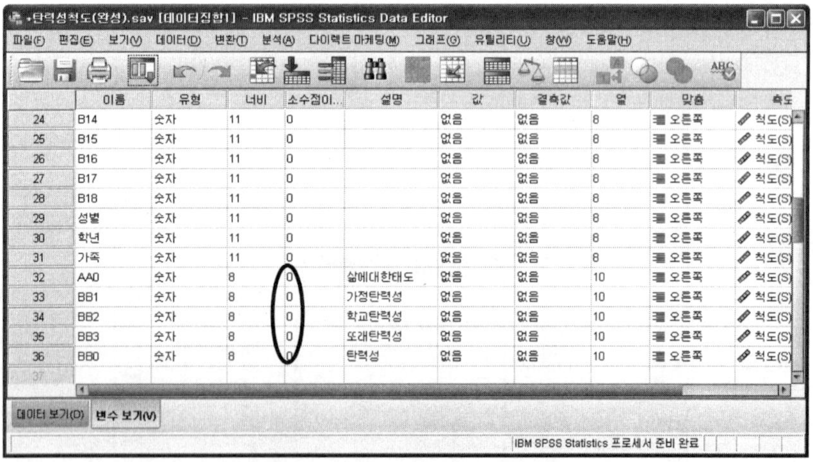

7.5.2 변수값 설명

탄력성척도(완성).sav 데이터에서 각 변수가 가지는 변수값을 입력하는 과정은 다음과 같다.

① 변수 보기(V) 탭을 클릭하여 변수의 값을 정의한다. A1 변수의 [값] 열을 클릭한다.

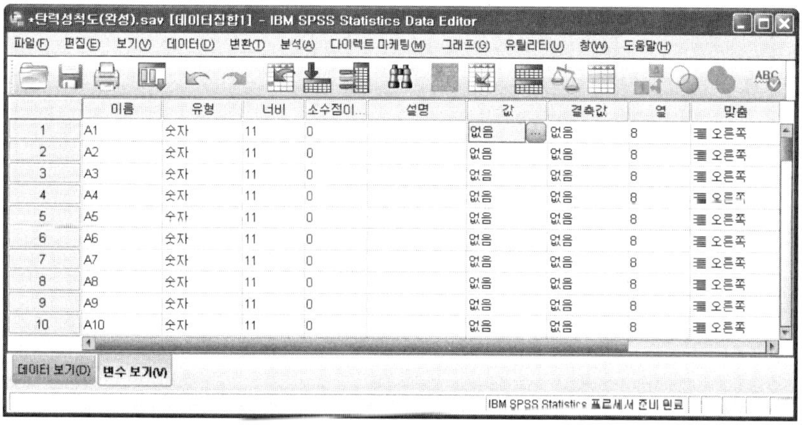

② [변수값 설명] 대화상자에서 6점 척도의 기준값과 설명을 입력하고 [확인] 을 클릭한다.

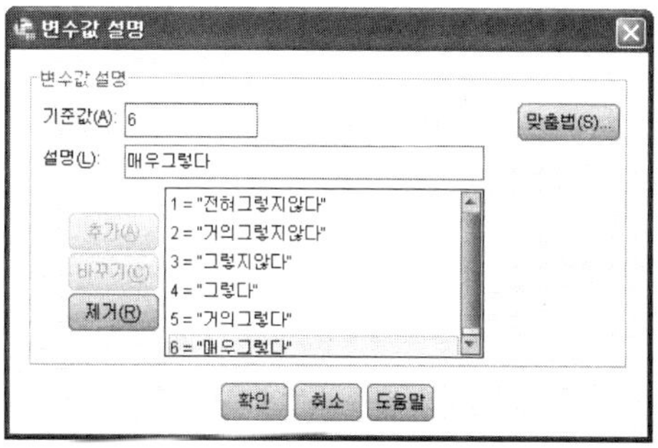

③ 변수 A1의 값을 다른 변수에 복사하기 위해, 변수 A1의 [값] 열에서 마우스 오른쪽 버튼을 클릭하고 복사(C)를 선택한다.

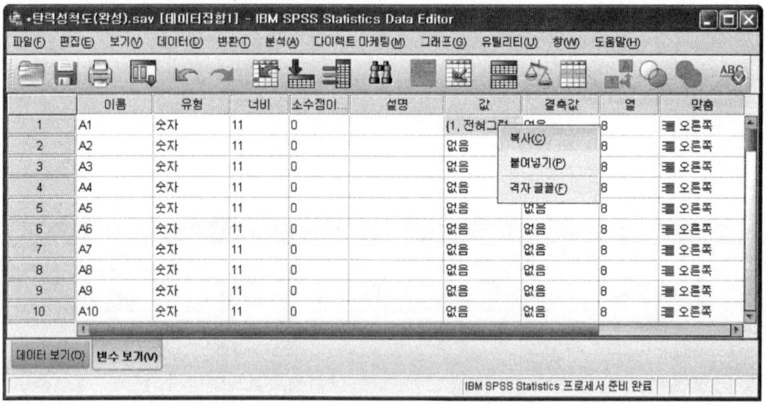

④ 변수 A2의 값 열부터 변수 B18까지의 [값] 열을 블록지정하고, 마우스 오른쪽 버튼을 클릭하여 붙여넣기(P)를 선택한다.

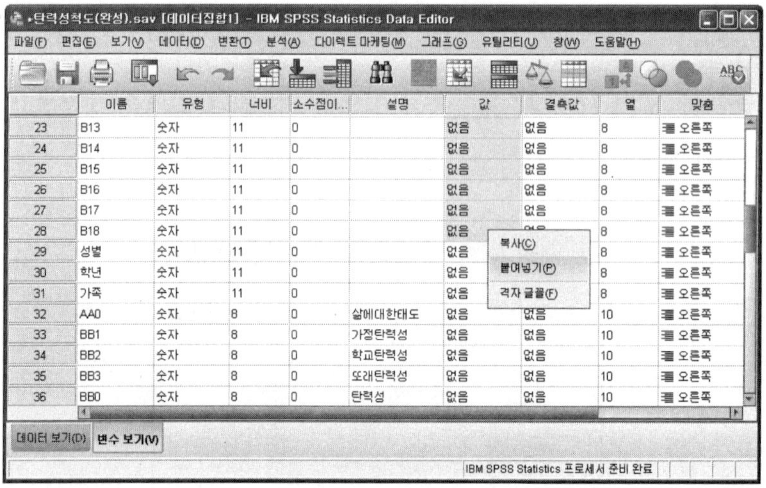

⑤ 변수 '성별', '학년', '가족'의 값도 다음과 같이 입력한다.

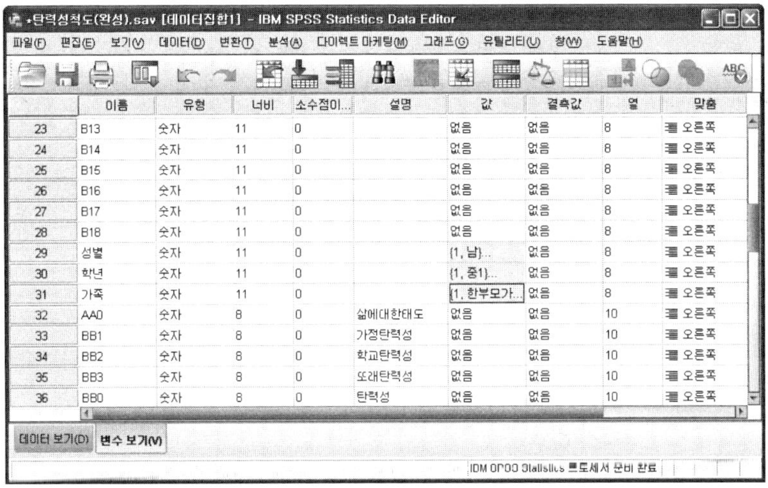

완성된 탄력성척도(완성).sav 데이터에 대하여 빈도분석, 기술통계, 교차분석하여 데이터에 관한 특성을 파악한다.

제 8 장 집단간 차이 분석

8.1 t 검정

평균에 관한 비교는 모집단의 수에 따라 t 검정과 분산분석으로 나누어진다. 모집단의 수가 한 개인 경우와 두 개인 경우의 평균에 대한 검정은 t 검정을 이용하고, 모집단의 수가 세 개 이상인 경우에는 분산분석을 이용하여 검정한다.

t 검정이란 두 개 집단 이하의 평균을 비교하는 분석으로 다음의 세 가지로 나누어 분석한다. 단일표본 t 검정은 모집단이 한 개인 집단에서 추출한 표본의 평균과 연구자가 주장하고자 하는 특정 값을 비교할 때 사용하며, 독립표본 t 검정은 모집단이 두 개인 경우 두 집단의 평균을 비교할 때 사용한다. 또한 대응표본 t 검정은 하나의 모집단에서 실험을 실시하기 전과 후에 측정한 값들을 비교하여 실험의 효과를 분석하는 짝지은 표본의 평균을 비교할 때 사용한다.

8.1.1 단일표본 t 검정

단일표본 t 검정은 일반적으로 모집단의 분산을 알지 못하고 하나의 모집단의 평균(μ)을 연구자가 주장하는 특정한 값(μ_0)과 비교하는 방법으로 특정한 값(μ_0)과 '다르다', '작다', '크다'를 가설로 설정하여 이를 검정하는 것으로 연구자가 주장하고자 하는 특정값과 표본의 평균값의 차이가 크면 두 값은 같을 것이라는 귀무가설(H_0)을 기각하게 된다. 검정은 가설에 따라 양측검정과 단측검정으로 나누어진다.

귀무가설	H_0 :	$\mu = \mu_0$ (모평균은 μ_0이다)
양측 대립가설	H_1 :	$\mu \neq \mu_0$ (모평균은 μ_0가 아니다)
단측 대립가설	H_1 : 또는 H_1 :	$\mu > \mu_0$ (모평균은 μ_0보다 크다) $\mu < \mu_0$ (모평균은 μ_0보다 작다)

유의확률 p값에 의한 통계적 유의성 검정은

$$\text{유의확률 } p\text{값} \leq \text{유의수준 } \alpha$$

이면 귀무가설(H_0)을 기각한다.

$$\text{유의확률 } p\text{값} > \text{유의수준 } \alpha$$

이면 귀무가설(H_0)을 기각할 수 없다.

(1) 양측검정

통계학수강실태(완성).sav 데이터로부터 "지난 학기 통계학 과목을 수강한 전체 학생들의 통계학 점수의 평균(μ)은 82점이라고 판단할 수 있는가?"의 검정에서 가설은

$$H_0(\text{귀무가설}): \mu = 82,\ H_1(\text{대립가설}): \mu \neq 82$$

이며, 유의수준 5%에서 검정 절차는 다음과 같다.

① 메뉴에서 [분석(A)]-[평균 비교(M)]-[일표본 T검정(S)]을 클릭한다.

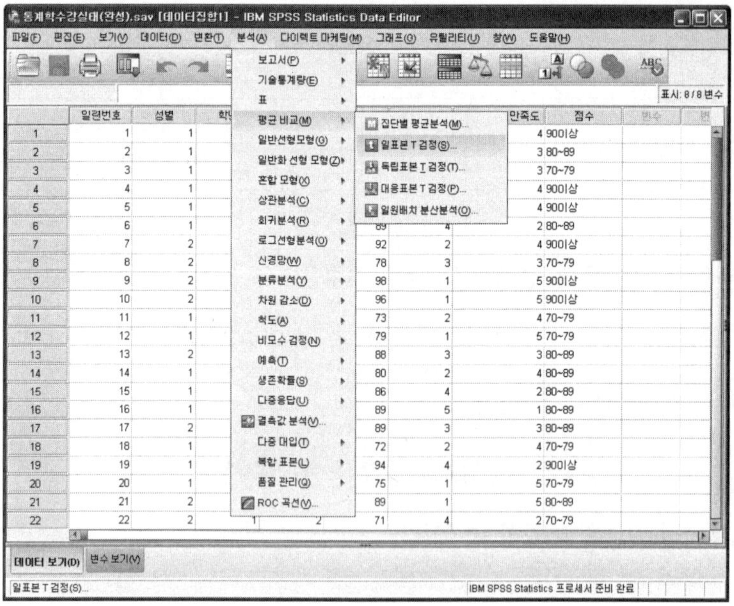

② [일표본 T검정] 대화상자의 변수목록에서 검정하고자 하는 변수를 선택하여 검정변수(T)로 이동시킨 후, 검정값(V)에 검정하고자 하는 값을 입력한다.

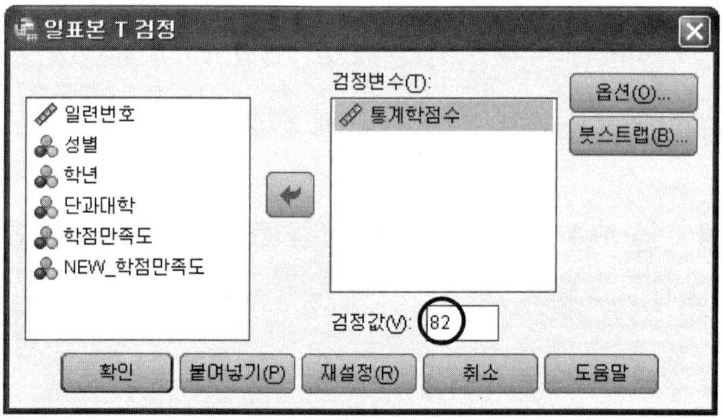

③ [일표본 T검정] 대화상자에서 [옵션(O)...]을 클릭한 후, [일표본 T검정: 옵션] 대화상자의 신뢰구간(C)에 구하고자하는 신뢰구간을 입력한 다음 [계속]을 클릭한다.

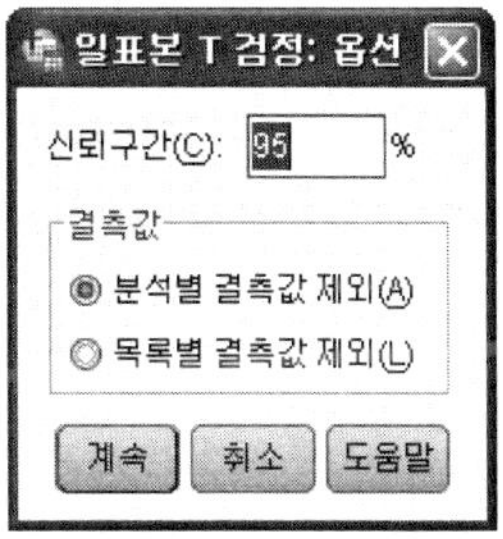

④ [일표본 T검정] 대화상자가 나타나면 확인을 클릭한다.

■ 분석결과 해석

- 단일표본 통계량

일표본 통계량

	N	평균	표준편차	평균의 표준오차
통계학점수	30	83.07	13.539	2.472

30명의 통계학 점수의 평균은 83.07, 평균의 표준오차는 2.472이다.

- 단일표본 검정

일표본 통계량

	검정값=82					
					차이의 95% 신뢰구간	
	t	자유도	유의확률(양쪽)	평균차	하한	상한
통계학점수	.432	29	.669	1.067	-3.99	6.12

검정값 82에 대한 일표본 t 검정 결과, 유의수준 .05에서 검정통계량 t값이 .432이고, 양측검정에서의

$$\text{유의확률(양쪽) p값} = .669 > \text{유의수준 } \alpha = .05$$

이므로 귀무가설(H_0)이 기각 되지 않으므로 모집단의 평균(μ)은 82점이라고 할 수 있다.

• 95% 신뢰구간

검정값 82점에 대한 95% 신뢰구간의 하한값(=82-3.99)은 78.01점, 상한값(=82+6.12)은 88.12점이다. 이는 동일한 표본추출을 반복하여 신뢰구간을 구하면 그 중 95%의 신뢰구간은 모수를 포함하게 되며, 5%의 신뢰구간은 모평균을 포함하지 않는 신뢰구간을 가질 수 있다는 것을 뜻한다.

(2) 단측검정

통계학수강실태(완성).sav 데이터로부터 "지난 학기 통계학 과목을 수강한 전체 학생들의 통계학 점수의 평균(μ)은 77점보다 크다고 판단할 수 있는가?"의 검정에서 가설은

$$H_0(\text{귀무가설}): \mu = 77,\ H_1(\text{대립가설}): \mu > 77$$

이며, 유의수준 5%에서 검정 절차는 다음과 같다.

① 메뉴에서 [분석(A)]-[평균 비교(M)]-[일표본 T검정(S)]를 클릭한다.
② [일표본 T검정] 대화상자에서 검정변수(T)를 선택하고 검정값(V)을 입력한 후 확인을 클릭한다.

■ **분석결과 해석**

• 단일표본 통계량

일표본 통계량

	N	평균	표준편차	평균의 표준오차
통계학점수	30	83.07	13.539	2.472

30명의 통계학 점수의 평균은 83.07, 평균의 표준오차는 2.472이다.

• 단일표본 검정

일표본 검정

	검정값=77					
					차이의 95% 신뢰구간	
	t	자유도	유의확률(양쪽)	평균차	하한	상한
통계학점수	2.454	29	.020	6.067	-1.01	11.12

유의수준 5%에서 검정값 77에 대한 일표본 t 검정 결과, 유의수준 .05에서 검정통계량 t값이 2.454이고 단측검정에서의 유의확률은 .010 즉, 양측검정에서의 유의확률(양쪽) .020을 2로 나눈 값

$$\text{유의확률 p값} = .020(\text{양쪽})/2 = .010 \le \text{유의수준 } \alpha = .05$$

이므로 귀무가설(H_0)은 기각된다. 따라서 유의수준 5%에서 모집단의 평균(μ)은 77점보다 크다고 할 수 있다.

8.1.2 대응표본 t 검정

5명의 여자가 다이어트 프로그램에 6개월 동안 참석하였는데, 처음 시작할 때와 6개월 후 다이어트 프로그램이 끝났을 때 측정한 체중이 다음과 같다(파일명: 다이어트.sav).

사람	다이어트 전	다이어트 후	D
A	110	95	15
B	95	91	4
C	87	85	2
D	105	98	7
E	70	68	2

* D=다이어트 전 - 다이어트 후

다이어트 프로그램이 체중을 줄이는 효과가 있는지를 유의수준 5%에서 검정하고자 한다. 이에 대한 가설은

$$H_0 : \mu_D \geq 0, H_1 : \mu_D < 0$$

이며, 유의수준 5%에서 검정 절차는 다음과 같다.

① 메뉴에서 [분석(A)]-[평균 비교(M)]-[대응표본 T검정(P)]를 클릭한다.

② [대응표본 T검정] 대화상자의 변수목록에서 두 개의 대응 변수를 선택하여 대응변수(V) 창으로 이동시킨 후 [옵션(O)...]을 클릭한다.

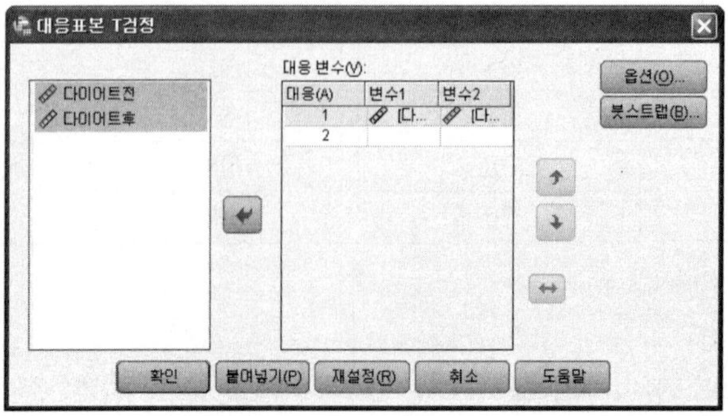

③ [대응표본 T검정: 옵션] 대화상자에서 신뢰구간(C)을 입력 후 계속을 클릭한 다음, [대응표본 T검정] 대화상자가 나타나면 확인을 선택한다.

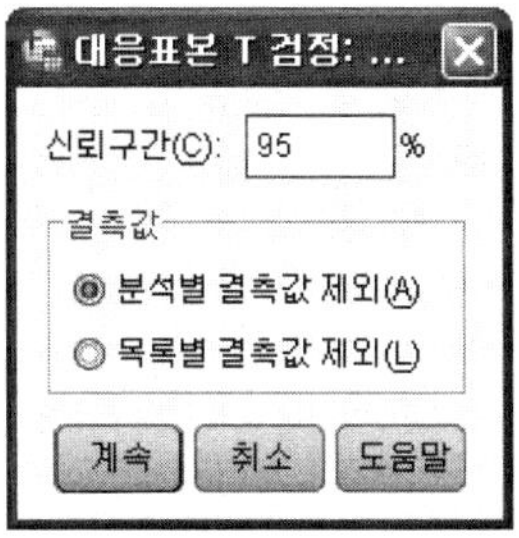

■ 분석결과 해석

- 대응표본 통계량

대응표본 통계량

N		평균	N	표준편차	평균의 표준오차
대응 1	다이어트 전	93.40	5	15.821	7.075
	다이어트 후	87.40	5	11.887	5.316

5명의 다이어트 전 몸무게의 평균은 93.40kg, 표준편차는 15.821kg이고, 다이어트 후 몸무게의 평균은 87.40kg, 표준편차는 11.887kg이다.

대응표본 상관계수

		N	상관계수	유의확률
대응 1	다이어트 전 & 다이어트 후	5	.963	.009

- 상관계수

다이어트 전과 후의 몸무게의 상관계수는 .963로 유의수준 .05에서 통계적으로 유의한 상관이 있다고 할 수 있다.

• 대응표본 검정

대응표본 검정

	대응차					t	자유도	유의확률 (양쪽)
	평균	표준편차	평균의 표준오차	차이의 95% 신뢰구간				
				하한	상한			
대응1 다이어트 전-다이어트 후	6.000	5.431	2.429	-.744	12.744	2.470	4	.069

대응표본에 대한 t 검정 결과에서 다이어트 후의 몸무게는 평균 6kg이 감소가 되었음을 알 수 있다. 대응표본 검정 결과, 검정통계량 t 값이 2.470이고 유의확률 .069>유의수준 .05이므로 유의수준 .05에서 귀무가설(H_0)은 기각되지 않는다. 따라서 유의수준 5%에서 다이어트 전과 후의 몸무게는 차이가 없다고 할 수 있다.

8.1.3 독립표본 t 검정

탄력성척도(완성).sav 데이터에서 "성별(남자 = 1, 여자 = 2)에 따라 또래 탄력성의 차이가 있는가?"에 대한 검정에서 가설은

$$H_0(\text{귀무가설}):\ \mu_1 - \mu_2 = 0,\ H_1(\text{대립가설}):\ \mu_1 - \mu_2 \neq 0$$

이며, 유의수준 5%에서 검정 절차는 다음과 같다.

① 메뉴에서 [분석(A)]-[평균비교(M)]-[독립표본 T검정(T)]을 클릭한다.

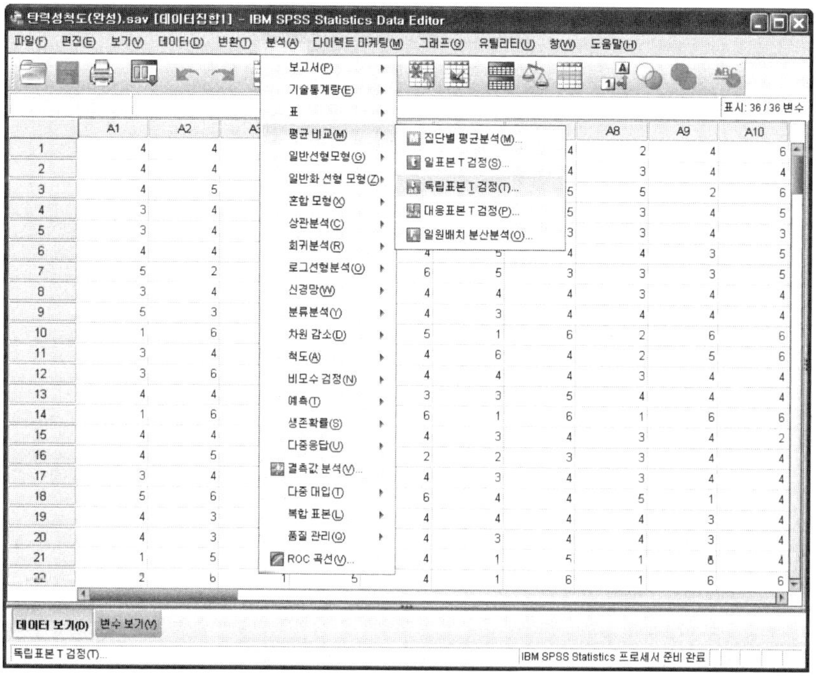

② [독립표본 T검정] 대화상자에서 검정변수(T)와 집단변수(G)를 지정하고 집단정의(D)...을 클릭한다.

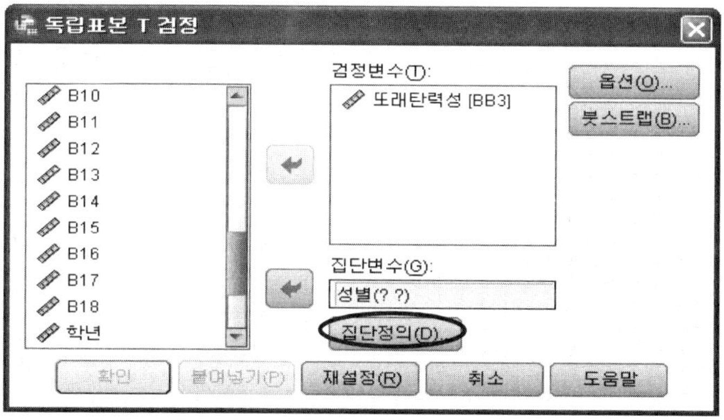

③ [집단정의] 대화상자에서 집단1, 집단2의 값을 입력하고 계속을 클릭한 다음 [독립표본 T검정] 대화상자에서 확인을 클릭한다.

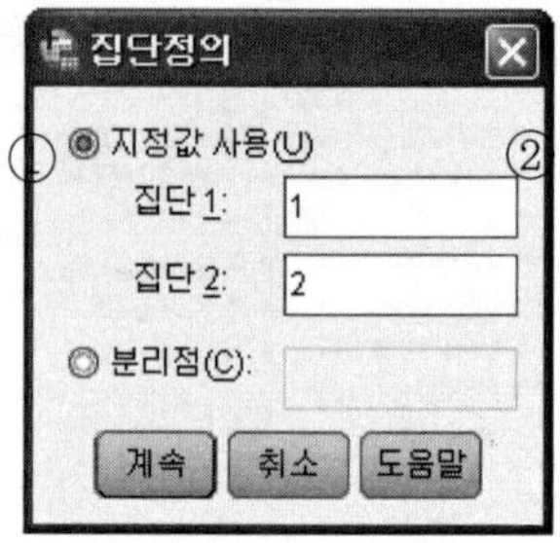

■ 분석결과 해석

• 집단 통계량

		N	평균	표준편차	평균의 표준오차
또래탄력성	남	100	24.37	5.051	.505
	여	100	26.16	4.024	.402

남자 집단의 또래 탄력성 평균은 24.37, 표준편차는 5.061이고, 여자 집단의 또래 탄력성 평균은 26.16, 표준편차는 4.024이다.

• 독립표본 검정

독립표본 검정

		Levene의 등분산 검정		평균의 동일성에 대한 t-검정						
									차이의 95% 신뢰구간	
		F	유의확률	t	자유도	유의확률(양쪽)	평균차	차이의 표준오차	하한	상한
또래 탄력성	등분산이 가정됨	1.453	.229	-2.772	198	.006	-1.790	.646	-3.064	-.516
	등분산이 가정되지 않음			-2.772	188.598	.006	-1.790	.646	-3.064	-.516

① Levene의 등분산성 검정

독립표본 t 검정을 위해서는 먼저 두 집단의 분산의 동질성에 대한 Levene의 등분산성 검정부터 실시하여야 한다. 이에 대한 검정의 가설은 다음과 같다.

$$H_0(\text{귀무가설}): \sigma_1^2 = \sigma_2^2,\ H_1(\text{대립가설}): \sigma_1^2 \neq \sigma_2^2$$

F값이 1.453이고 유의확률 .229>유의수준 .05 이므로 귀무가설(H_0)이 기각되지 않는다. 따라서 두 남녀 집단의 분산은 같다고 할 수 있다.

② 평균의 동일성에 대한 t 검정

두 독립표본 t 검정 결과에서 등분산성이 가정되므로 등분산성이 가정되는 부분의 t값과 유의확률로 검정한다. 평균의 동일성에 대한 t 검정결과, 검정통계량 t 값이 −2.772이고 유의확률 .006≤유의수준 .05 이므로 귀무가설(H_0)은 기각된다. 따라서 유의수준 5%에서 남자 집단과 여자 집단의 또래 탄력성의 모평균에는 차이가 있다고 할 수 있다. 즉, 남자 집단과 여자 집단 간의 또래탄력성의 차이 −1.790은 통계적으로 유의하며, 여자의 또래탄력성 평균이 남자보다 1.790 더 높다는 것을 알 수 있다.

8.2 분산분석

t 검정은 두 모집단 평균을 비교하는 분석이고, 세 개 이상의 모집단의 평균을 비교하기 위해서는 분산분석(analysis of variance: ANOVA)을 실시한다. 예를 들어 학년에 따라 또래탄력성을 비교하는 경우, 학년은 독립변수가 되고 또래탄력성은 종속변수가 된다. 분산분석에서 독립변수를 요인(factor)이라고도 하며, 학년이 요인이 되고 학년이 가지는 값, 즉 중1, 중2, 중3, 고1, 고2, 고3을 요인수준(factor level)이라고 한다. 요인수준이 3개 이상이므로 분산분석은 이러한 요인수준에 따른 종속변수의 평균 차를 비교하는 것이다.

분산분석은 하나의 요인(factor)을 분석대상으로 하는 일원분산분석(one-way analysis of variance)과 두 개의 요인을 분석대상으로 하는 이원분산분석(two-way analysis of variance)이 있다.

8.2.1 일원분산분석

일원분산분석은 다른 두 집단의 평균을 비교하는 독립표본 t 검정을 확장하여 세 개 이상의 집단들에 대한 평균을 비교하는 것으로 이때, 독립변수 즉 요인은 하나인 경우이다. 예를 들어 학년에 따라 또래탄력성의 차이가 있는지를 검정하는 경우, 독립변수는 학년으로 하나의 요인을 가지며, 종속변수인 또래탄력성은 6점 척도로 측정된 여러 개의 문항을 합한 값이다.

(1) 통계적 모형

일원분산분석의 데이터는 다음과 같이 요인 A의 수준이 k개 있고 각 수준에서 반복수가 똑같이 n개인 구조를 가진다.

처리	A_1	A_2		A_k	
실험의 반복	y_{11} y_{12} $\vdots$ y_{1n}	y_{21} y_{22} $\vdots$ y_{2n}	$\cdots$ $\cdots$ $\vdots$ $\cdots$	y_{k1} y_{k2} $\vdots$ y_{kn}	
합계	$y_{1.}$	$y_{2.}$		$y_{k.}$	$y_{..}$
표본평균	$\overline{y_1}$	$\overline{y_2}$		$\overline{y_{k.}}$	$\overline{y_{..}}$

일원분산분석의 데이터 y_{ij}에 대한 모형은 다음과 같다.

$$y_{ij} = \mu + \alpha_i + \epsilon_{ij},\ i = 1,2,\cdots,k,\ j = 1,2,\cdots,n$$

여기서 μ는 실험전체의 모평균이고, α_i는 i번째 처리가 주는 주효과이고, ϵ_{ij}는 i번째 처리의 j번째 반복에서 얻은 측정값의 오차항으로서 서로 독립이고 평균이 0, 분산이 σ^2인 정규분포를 따른다고 가정한다.

관측값 y_{ij}와 총평균 $\overline{y_{..}}$와의 차인 총편차 $y_{ij} - \overline{y_{i.}}$을 분해하면

$$(y_{ij} - \overline{y_{..}}) = (\overline{y_{i.}} - \overline{y_{..}}) + (y_{ij} - \overline{y_{i.}})$$

로 나타낼 수 있다. 이 식의 양변을 제곱하여 정리하면, 종속변수 y의 총제곱합(SST)는 각 수준간의 효과 차이로 인한 변동인 처리제곱합(SStr)과 각 수준 내에서의 변동인 오차제곱합(SSE) 또는 잔차제곱합으로 다음과 같이 분해하여 얻어진다.

$$\sum_{i=1}^{k}\sum_{j=1}^{n}(y_{ij}-\overline{y_{..}})^2=\sum_{i=1}^{k}\sum_{j=1}^{n}(\overline{y_{i.}}-\overline{y_{..}})^2+\sum_{i=1}^{k}\sum_{j=1}^{n}(y_{ij}-\overline{y_{i.}})^2$$

$$SST \qquad\qquad SStr \qquad\qquad SSE$$

일원분산분석의 분산분석 표는 다음과 같다.

요인	제곱합	자유도	평균제곱	F_0	$P-$값
처리	SStr	k-1	MStr	MStr/MSE	$P[F \geq F_0]$
오차	SSE	N-k	MSE		
전체	SST	N-1			

A요인의 수준간에 평균의 차이가 있는지 검정하기 위한 가설은 다음과 같다.

$$H_0 : \alpha_1 = \alpha_2 = \cdots = \alpha_k = 0$$

H_1 : H_0가 아니다(적어도 하나의 α_i는 0이 아니다)

통계적 분포이론에 따르면 H_0하에서

$$F_0 = \frac{\text{처리의 평균제곱}}{\text{잔차의 평균제곱}} = \frac{MStr}{MSE}$$

은 자유도가 (k-1, N-k)인 F분포를 따른다.

p값은 F분포에 있어서 F 이상의 값이 발생할 확률이다. 유의확률 p값에 의한 검정에서

$$\text{유의확률 } p\text{값} \leq \text{유의수준 } \alpha$$

이면 귀무가설(H_0)을 기각한다. 즉, 수준별 차이가 있다고 할 수 있다.

$$\text{유의확률 } p\text{값} > \text{유의수준 } \alpha$$

이면 귀무가설(H_0)을 기각하지 않는다. 즉, 수준별 차이가 없다고 할 수 있다.

(2) 분석 예제

탄력성척도(완성).sav 데이터에서 '학년'에 따라 '또래탄력성'이 차이가 있는지를 유의수준 5%에서 검정하고자 한다.

① 메뉴에서 [분석(A)]-[평균비교(M)]-[일원배치 분산분석(O)]를 클릭한다.

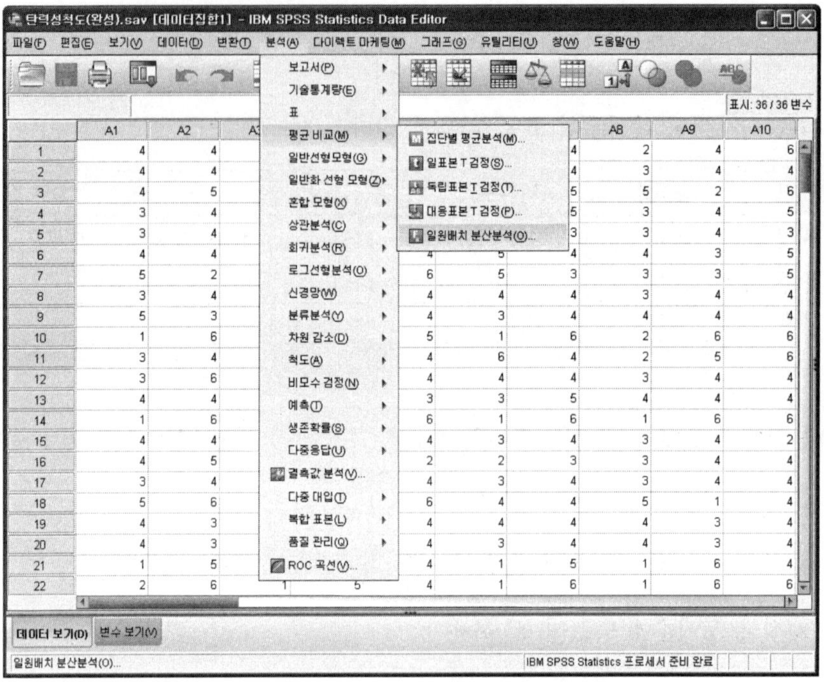

② [일원배치 분산분석] 대화상자의 변수목록에서 종속변수(E)를 지정하고 요인(F)은 독립변수 즉 요인변수를 지정한 다음 [옵션(O)...]을 클릭한다.

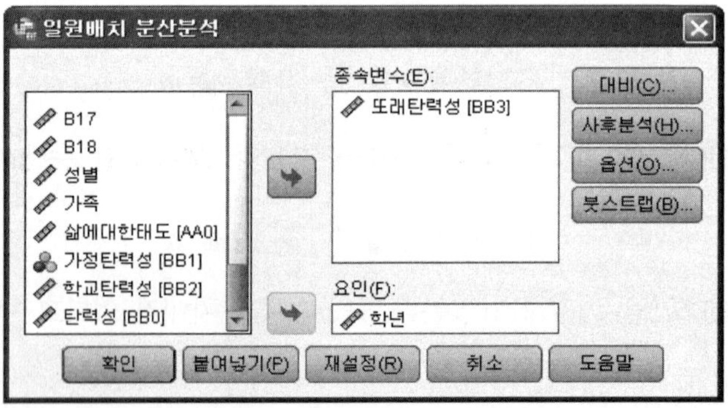

③ [일원배치 분산분석] 대화상자의 [사후분석(H)...]을 클릭하여 [일원배치 분산분석: 사후분석] 대화상자가 나타나면 다중비교 방법을 선택하고 [계속]을 클릭한다.

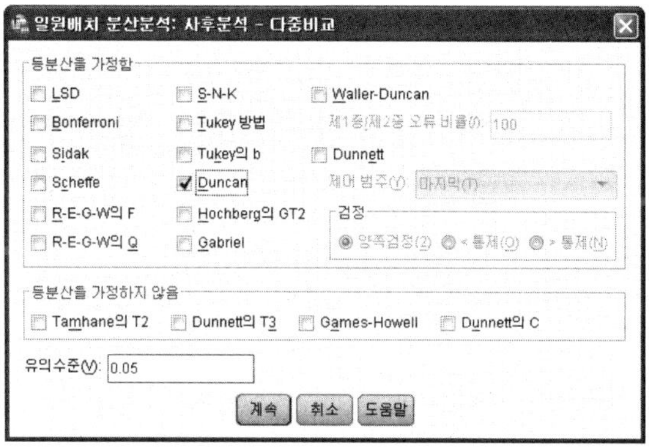

④ [일원배치 분산분석: 옵션] 대화상자에서 기술통계(D)와 분산 동질성 검정(H)을 선택하고 계속을 클릭한다. [일원배치 분산분석] 대화상자에서 확인을 클릭한다.

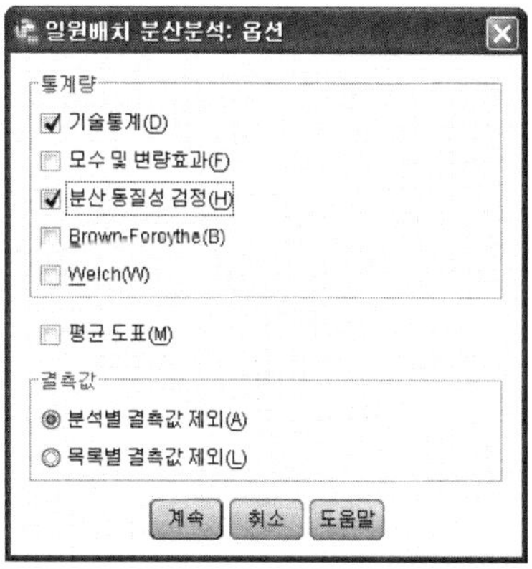

■ **분석결과 해석**

- 기술통계

기술통계

또래탄력성

	N	평균	표준편차	표준오차	평균에 대한 95% 신뢰 구간		최소값	최대값
					하한값	상한값		
중1	46	25.46	4.911	.724	24.00	26.91	15	36
중2	38	23.08	4.187	.679	21.70	24.46	17	34
중3	38	25.37	4.612	.748	23.85	26.88	10	36
고1	41	25.63	4.271	.667	24.29	26.98	17	36
고2	23	27.35	4.969	1.036	25.20	29.50	19	36
고3	13	26.54	2.876	.798	24.80	28.28	22	31
합계	199	25.31	4.607	.327	24.67	25.96	10	36

- 분산의 동질성 검정

분산의 동질성 검정

또래탄력성

Levene 통계량	df1	df2	유의확률
.964	5	193	.441

등분산성 검정 결과 Levene 통계량은 .964이고 유의확률 .441>유의수준 .05이므로 "분산이 같다"라는 귀무가설(H_0)은 기각되지 않아 학년 여섯 집단의 모집단 분산은 같다고 할 수 있다.

- 분산분석표

분산분석

또래탄력성

	제곱합	df	평균 제곱	F	유의확률
집단-간	309.705	5	61.941	3.071	.011
집단-내	3892.979	193	20.171		
합계	4202.683	198			

F값이 3.071이고, 유의확률 .011≤유의수준 .05로 귀무가설(H_0)은 기각되므로 학년별로 또래탄력성의 평균은 차이가 있다고 볼 수 있다.

• 사후검정

또래탄력성

Duncan[a,b]

학년	N	유의수준=0.05에 대한 부집단	
		1	2
중2	38	23.08	
중3	38	25.37	25.37
중1	46	25.46	25.46
고1	41	25.63	25.63
고3	13		26.54
고2	23		27.35
유의확률		.055	.151

동일 집단군에 있는 집단에 대한 평균이 표시됩니다.

a. 조화평균 표본 크기 27.377을(를) 사용합니다.

b. 집단 크기가 동일하지 않습니다. 집단 크기의 조화평균이 사용됩니다. I 유형 오차 수준은 보장되지 않습니다.

분산분석 결과 학년에 따라 또래탄력성이 차이가 있다면, 이러한 차이가 어느 학년들의 차이에서 기인하는지를 검토하기 위해 Duncan의 사후검정을 실시하였다.

사후검정 결과, 학년은 두 개의 집단으로 나눌 수 있다. 중2의 또래탄력성은 23.08로 가장 낮고, 유의수준 .05에서 동일집단으로 볼 수 있는 고3과 고2 집단은 가장 높다. 그러나 중3, 중1, 고1 집단은 유의수준 .05에서 동일집단으로 볼 수 있으며, 또래탄력성은 다른 학년과는 통계적으로 유의한 차이가 없음을 나타낸다.

8.2.2 이원분산분석

일원분산분석이 하나의 독립변수로 집단간 평균비교를 위한 분석이라면, 이원분산분석(two-way analysis of variance)은 독립변수가 두 개인 경우의 집단간 평균비교를 위한 분석방법이다. 예를 들어 성별과 학년에 따라 학교탄력성의 차이가 있는지를 검정하는 경우, 독립변수는 성별과 학년이라는 두 개의 요인을 가지며 종속변수는 학교탄력성이 된다.

(1) 통계적 모형

이원분산분석의 데이터는 2개의 요인을 A, B로 표시하고 각각 p, q개의 수준을 가질 때 이원분산분석의 데이터 y_{ij}에 모형은 다음과 같다.

$$y_{ij} = \mu + \alpha_i + \beta_j + (\alpha\beta)_{ij} + \epsilon_{ij},\ i = 1,2,\cdots,p,\ j = 1,2,\cdots,q$$

여기서 μ는 실험전체의 모평균이고, α_i는 A_i가 주는 주효과, β_j는 B_j가 주는 주효과, $(\alpha\beta)_{ij}$는 요인 A와 B의 상호작용효과, ϵ_{ij}는 A_i 와 B_j 에서 얻은 측정값의 오차항으로서 서로 독립이고 평균이 0, 분산이 σ^2인 정규분포를 따른다고 가정한다. 이때, 요인 A의 효과가 요인 B의 수준에 따라 다르게 나타날 때 상호작용(interaction) 효과 또는 교호작용이 있다고 한다.

종속변수 y의 총변동(SST)은 요인 A의 수준간 변동(SS_A), 요인 B의 수준간 변동(SS_B), 요인 A와 요인 B의 상호작용에 의한 변동(SS_{AB}), 오차로 인한 변동(SSE)으로 다음과 같이 분해하여 얻어진다.

$$SST = SS_A + SS_B + SS_{AB} + SSE$$

이원분산분석의 분산분석 표는 다음과 같다.

요인	제곱합	자유도	평균제곱	F	p-값
A	SS_A	$p-1$	MS_A	$F_1 = MS_A/MSE$	$P[F \geq F_1]$
B	SS_B	$q-1$	MS_B	$F_2 = MS_B/MSE$	$P[F \geq F_2]$
A*B	SS_{AB}	$(p-1)(q-1)$	MS_{AB}	$F_{AB} = MS_{AB}/MSE$	$P[F \geq F_{AB}]$
오차	SSE	$pq(n-1)$	MSE		
계	SST	$pqn-1$			

이원분산분석 모형에서 검정을 위한 가설은 다음과 같이 세 가지이다.

$$H_0 : \alpha_1 = \alpha_2 = \cdots = \alpha_p = 0,\ H_1 : H_0\text{가 아니다}$$

$$H_0 : \beta_1 = \beta_2 = \cdots = \beta_q = 0,\ H_1 : H_0\text{가 아니다}$$

$$H_0 : (\alpha\beta)_{11} = (\alpha\beta)_{12} = \cdots = (\alpha\beta)_{pq} = 0,\ H_1 : H_0\text{가 아니다}$$

유의확률 p값에 의한 검정에서

$$\text{유의확률 } p\text{값} \leq \text{유의수준 } \alpha$$

이면 귀무가설(H_0)을 기각한다.

$$\text{유의확률 } p\text{값} > \text{유의수준 } \alpha$$

이면 귀무가설(H_0)을 기각하지 않는다.

(2) 분석 예제

탄력성척도(완성).sav 데이터에서 '성별'과 '학년'에 따라 '학교탄력성'에 차이가 있는지를 유의수준 5%에서 검정하는 과정은 다음과 같다.

① 메뉴에서 [분석(A)]-[일반선형모형(G)]-[일변량(U)]를 클릭한다.

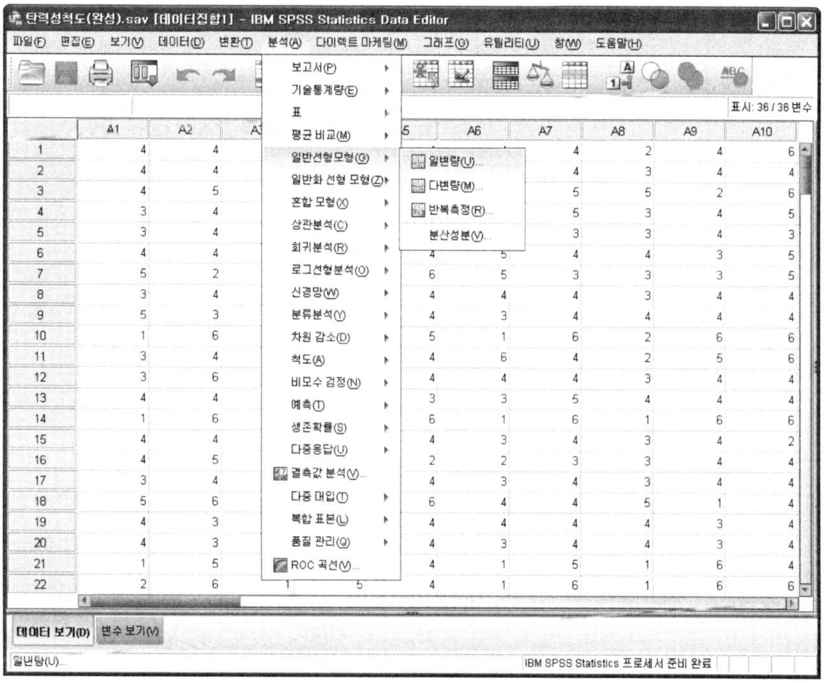

② [일변량 분석] 대화상자에서 종속변수(D)에는 연속형 변수를, 모수요인(E)에는 독립변수를 지정한 다음 [모형(M)...]을 클릭한다.

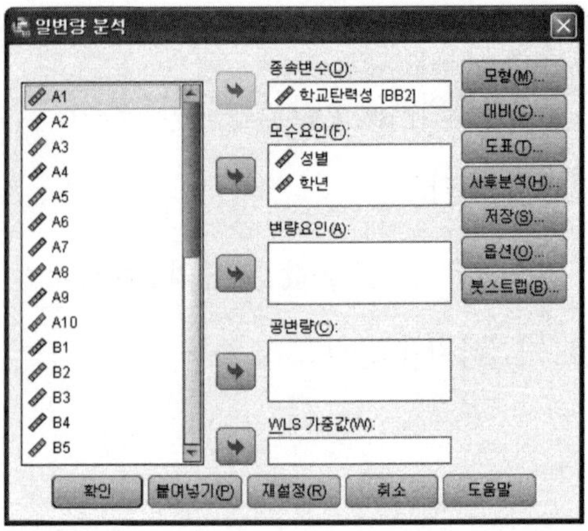

③ [일변량 : 모형] 대화상자에서 제곱합(Q)의 기본값 “제III 유형”을 지정하고 계속을 클릭한다.

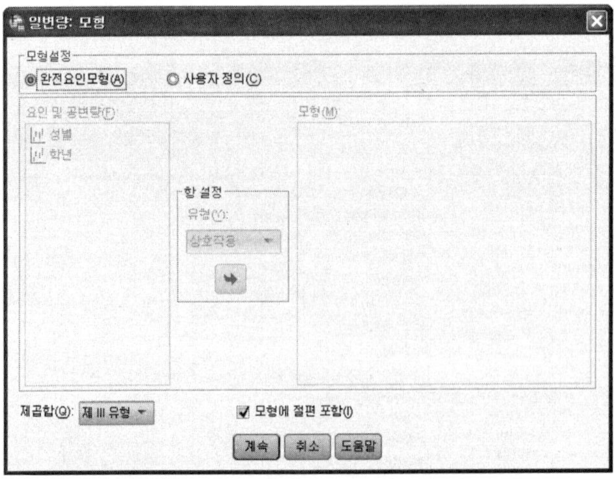

④ [일변량 분석] 대화상자에서 도표(T)...를 클릭한다. [일변량: 프로파일 도표] 대화상자에서 수평축 변수(H))와 선구분 변수(S)를 지정한다. 도표(T)에 추가(A)을 클릭하여 ‘학년*성별’을 지정한 다음 계속을 클릭한다.

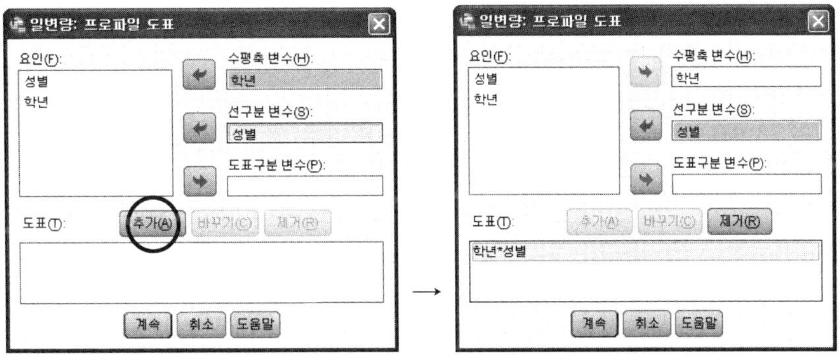

⑤ [일변량 분석] 대화상자에서 [사후분석(H)...]을 클릭한다. 요인(F)에서 사후분석 변수인 '학년'을 선택하여 사후검정변수(P)로 이동시키고, 사후분석 방법을 지정한다.

⑥ [일변량 분석] 대화상자의 [옵션(O)...]을 클릭한다. [일변량: 옵션] 대화상자에서 출력할 항목을 선택하고 [계속]을 클릭한 다음 [일변량 분석] 대화상자에서 [확인]을 클릭한다.

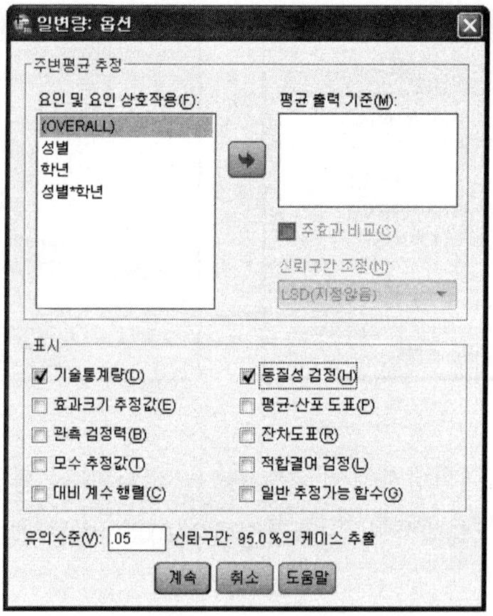

■ 분석결과 해석

• 기술통계

기술통계량

종속 변수 : 학교탄력성

성별	학년	평균	표준편차	N
남	중1	24.16	4.845	25
	중2	23.24	4.571	21
	중3	24.57	4.467	14
	고1	26.11	5.141	19
	고2	24.00	2.864	11
	고3	27.33	3.000	9
	합계	24.67	4.549	99
여	중1	24.38	4.588	21
	중2	23.71	3.098	17
	중3	23.33	3.691	24
	고1	24.14	2.981	22
	고2	27.67	3.601	12
	고3	28.50	1.000	4
	합계	24.52	3.828	100
합계	중1	24.26	4.678	46
	중2	23.45	3.937	38
	중3	23.79	3.981	38
	고1	25.05	4.189	41
	고2	25.91	3.704	23
	고3	27.69	2.562	13
	합계	24.59	4.192	199

• 오차 분산의 동일성 검정

오차 분산의 동일성에 대한 Levene의 검정[a]

종속 변수 : 학교탄력성

F	df1	df2	유의확률
2.316	11	187	.011

여러 집단에서 종속변수의 오차 분산이 동일한 영가설을 검정합니다.

a. Design: 절편+성별+학년+성별*학년

Levene의 등분산에 대한 검정 결과, 유의확률 .011>유의수준 .01이므로 귀무가설(H_0)을 기각하지 못하므로 여섯 집단의 분산은 같다고 볼 수 있다(등분산 가정을 충족시키기 위해 유의수준 .01에서 검정).

• 분산분석 결과

개체-간 효과 검정

종속 변수 : 학교탄력성

소스	제 Ⅲ 유형 제곱합	자유도	평균제곱	F	유의확률
수정 모형	389.570[a]	11	35.415	2.143	.019
절편	96406.981	1	96406.981	5833.469	.000
성별	5.698	1	5.698	.345	.558
학년	235.254	5	47.051	2.847	.017
성별*학년	136.617	5	27.323	1.653	.148
오차	3090.460	187	16.527		
합계	123838.000	199			
수정 합계	3480.030	198			

a. R제곱 =.112(수정된 R제곱 =.060)

분산분석 표에서 성별, 학년, 성별*학년에 대한 검정결과는 다음과 같다.

(i) 상호작용의 검정

$$\text{유의확률 } p\text{값} = .148 > \text{유의수준 } \alpha = .05$$

이므로 귀무가설 H_0는 기각되지 않는다. 즉, 성별과 학년간에는 상호작용이 존재하지 않는다.

(ii) 성별의 효과에 대한 검정

유의확률 p값=.558 > 유의수준 α =.05

이므로 귀무가설(H_0)은 기각되지 않는다. 즉, 성별에 따라 학교탄력성에 차이가 없다.

(iii) 학년의 효과에 대한 검정

유의확률 p값=.017 ≤ 유의수준 α =.05

이므로 귀무가설(H_0)은 기각된다. 즉, 학년에 따라 학교탄력성에 차이가 있다.

- **프로파일 도표(상호작용 도표)**

프로파일 도표는 상호작용을 눈으로 확인할 수 있는 도구로 다음은 성별 학교탄력성 데이터에 대해 요인 A의 수준에서 요인 B의 효과를 알기 위하여 요인 B의 수준을 횡축으로 하여 y의 평균값을 나타낸 그림이다.

프로파일 도표에서 전반적으로 여학생이 남학생보다 학교탄력성이 높으나 중3과 고1은 남학생이 높게 나타났다. 이는 상호작용에 대한 검정결과에서 성별과 학년의 상호작용은 없는 것으로 나타났기 때문에 통계적으로 유의하다고 볼 수는 없다.

프로파일 도표

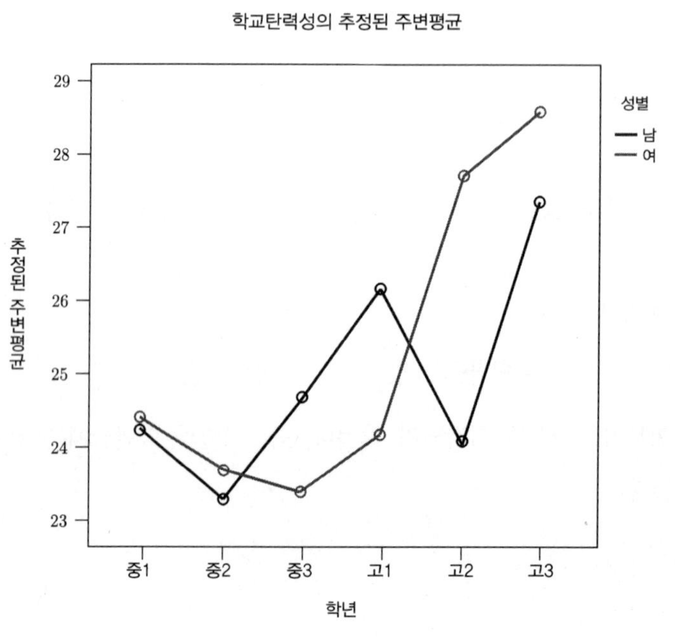

- **사후분석**

분산분석 결과에서 유의수준 5%에서 학년에 따라 학교탄력성의 평균에 차이가 있는 것(p값≤005)으로 나타났으므로, 학년에 대한 사후분석을 실시하여야 한다.

Duncan 방법을 이용한 사후분석 결과, 학년은 크게 세 집단으로 구분된다. 중2의 학교탄력성이 가장 낮고, 고2과 고3은 유의수준 .05에서 동일집단으로 볼 수 있고 학교탄력성이 가장 높다. 그리고 중3, 중1, 고1, 고2도 유의수준 .05에서 동일집단으로 볼 수 있으며, 학교탄력성은 다른 집단과 유의한 차이가 없었다.

동일집단군

학교탄력성

Duncan[a, b, c]

학년	N	집단군		
		1	2	3
중2	38	23.45		
중3	38	23.79	23.79	
중1	46	24.26	24.26	
고1	41	25.05	25.05	
고2	23		25.91	25.91
고3	13			27.69
유의확률		.188	.079	.107

동일집단군에 있는 집단에 대한 평균이 표시됩니다.
관측평균을 기분으로 합니다.
오류 조건은 평균 제곱(오류)=16.527입니다.
a. 조화평균 표본 크기 27.377을(를) 사용합니다.
b. 집단 크기가 동일하지 않습니다. 집단크기의 조화평균이 사용됩니다. I 유형 오차 수준은 보장되지 않습니다.
c. 유의수준=.05.

8.3 χ^2 검정

χ^2(카이제곱) 검정은 범주형 자료에서 한 변수의 범주를 다른 변수의 범주에 따라 빈도를 교차 분류하는 교차표(cross tabulation) 또는 분할표(contingency table)를 작성하고 변수간의 관련성을 알아보는 것이다.

탄력성척도(완성).sav 데이터에서 성별에 따라 "나는 내가 누구인지 어디서 왔는지 혹은 어디로 가고 있는지 잘 모른다"는 문항1(A1)의 의견에 유의한 차이가 있는지 알아보기 위해 χ^2 검정을 실시하는 과정은 다음과 같다.

① 메뉴에서 [분석(A)]-[기술통계량(E)]-[교차분석(C)]을 클릭한다.

② [교차분석] 대화상자에서 교차표의 행(W), 열(C)에 출력할 변수를 지정하고, 통계량(S)... 을 클릭한다.

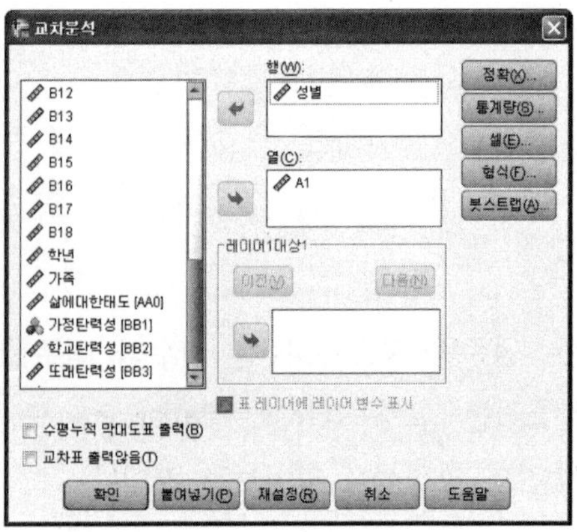

③ [교차분석: 통계량] 대화상자에서 카이제곱(H)을 선택하고 [계속]을 클릭한다.

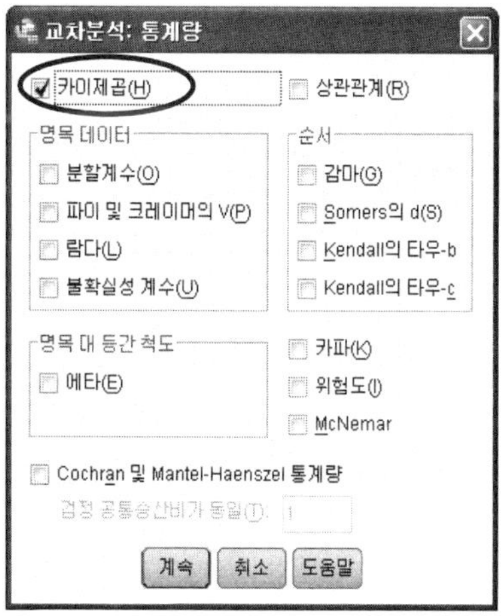

④ [교차분석] 대화상자에서 [셀(E)...]을 클릭한다. [교차분석: 셀 출력] 대화상자에서 교차표에 출력할 빈도, 퍼센트를 선택한 후 [계속]을 클릭하고, [교차분석] 대화상자에서 [확인]을 클릭한다.

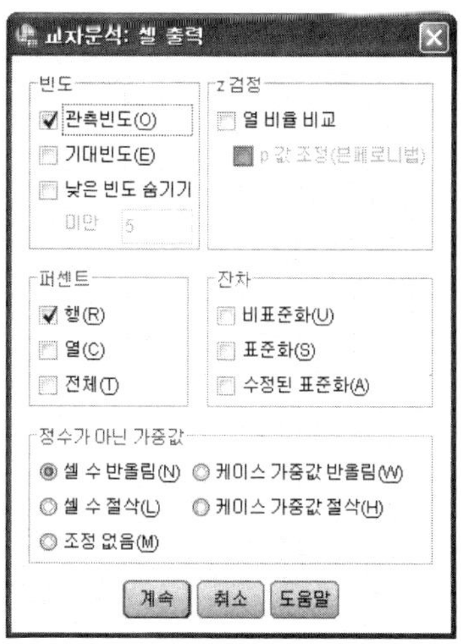

■ 분석결과 해석

- 교차표

성별*A1교차표

			A1						전체
			전혀 그렇지 않다	거의 그렇지 않다	그렇지 않다	그렇다	거의 그렇다	매우 그렇다	
성별	남	빈도	8	7	33	25	10	18	101
		성별 중 %	7.9%	6.9%	32.7%	24.8%	9.9%	17.8%	100.0%
	여	빈도	0	7	34	36	11	11	99
		성별 중 %	.0%	7.1%	34.3%	36.4%	11.1%	11.1%	100.0%
전체		빈도	8	14	67	61	21	29	200
		성별 중 %	4.0%	7.0%	33.5%	30.5%	10.5%	14.5%	100.0%

- 카이제곱 검정

카이제곱 검정

	값	자유도	점근 유의확률(양측검정)
Person 카이제곱	17.717[a]	5	.039
우도비	14.834	5	.011
선형 대 선형결합	.283	1	.595
유효 케이스 수	200		

a. 2셀(16.7%)은(는) 5보다 작은 기대 빈도를 가지는 셀입니다. 최소 기대빈도는 3.96입니다.

교차표 출력결과에서 문항 1에 대해 응답한 전체 남자를 100%로 할 때 ‘그렇지 않다’가 32.7%(33명)로 가장 많이 응답하였고, 그 다음으로 ‘그렇다’가 24.8%(25명)로 나타났다. ‘전혀 그렇지 않다’ 7.9%(8명), ‘거의 그렇지 않다’ 6.9%(7명)로 낮게 나타냈다. 응답한 전체 여자를 100%로 할 때 ‘그렇다’가 36.4%(36명)로 가장 많이 응답하였고, 그 다음으로 ‘그렇지 않다’가 34.3%(34명)으로 나타났다. ‘거의 그렇지 않다’는 7.1%(7명)로 낮게 나타났다.

성별에 따라 문항1에 대한 의견에 유의한 차이가 있는지 알아보기 위해 χ^2 검정을 실시결과, χ^2 값이 11.717이고, 유의확률 .039≤유의수준 .05이므로 유의수준 .05에서 귀무가설(H_0)은 기각되어 문항 1에 대한 남녀 간의 의견 차이가 있음을 알 수 있다.

제 9 장 회귀분석

9.1 상관분석

상관계수(correlation coefficient)는 두 변수간의 선형관계 정도를 나타내는 측도로 -1에서 +1 사이의 값을 가진다. 일반적으로 한 변수가 증가할 때 다른 변수의 값도 커지면 두 변수 간에는 양의 상관관계(positive correlation)가 있다고 하는 반면, 한 변수가 증가할 때 다른 변수의 값이 감소하면 두 변수는 음의 상관관계(negative correlation)가 있다고 본다.

상관분석에서 측정된 변수가 연속형 자료이면 피어슨 상관분석을 이용하여 변수간의 상관계수를 구하고, 서열을 나타내는 순서형 자료이면 스피어만 서열상관계수를 구한다. 피어슨의 상관계수는 다음과 같이 공분산을 한 변수의 표준편차와 다른 변수의 표준편차로 나누어 계산한다.

$$r = \frac{\sum_{i=1}^{n}(X_i - \overline{X})(Y_i - \overline{Y})}{\sqrt{\sum_{i=1}^{n}(X_i - \overline{X})^2}\sqrt{\sum_{i=1}^{n}(Y_i - \overline{Y})^2}}$$

탄력성척도(완성).sav 데이터에서 각 영역의 합, 즉 삶에 대한 태도, 가정탄력성, 학교탄력성, 또래탄력성 간의 피어슨의 상관계수를 구하는 과정은 다음과 같다.

① 메뉴에서 [분석(A)]-[상관분석(C)]-[이변량 상관계수(B)]를 클릭한다.

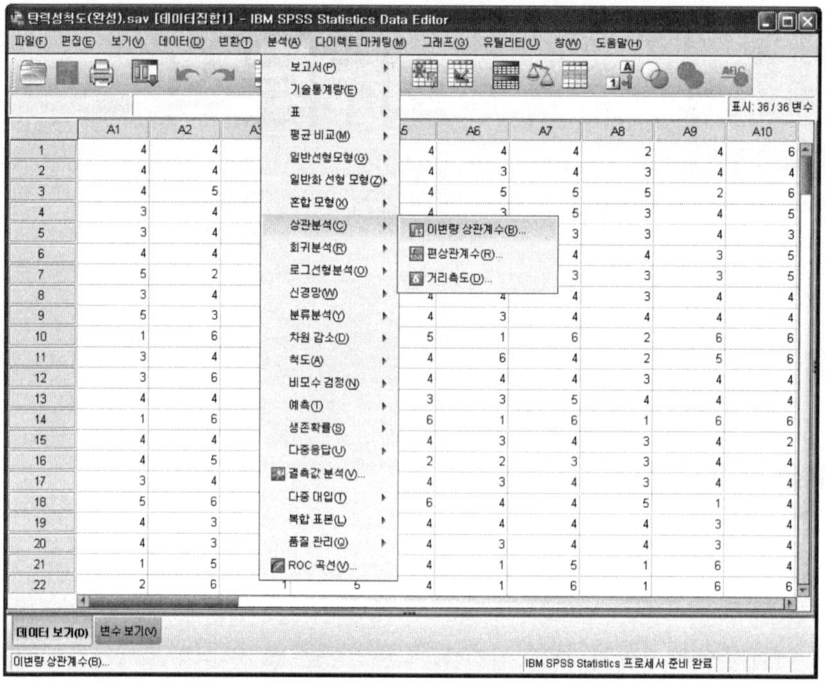

② [이변량 상관계수] 대화상자의 변수목록에서 변수(V)에 분석할 변수를 이동시킨 후 [옵션(O)...]을 클릭한다.

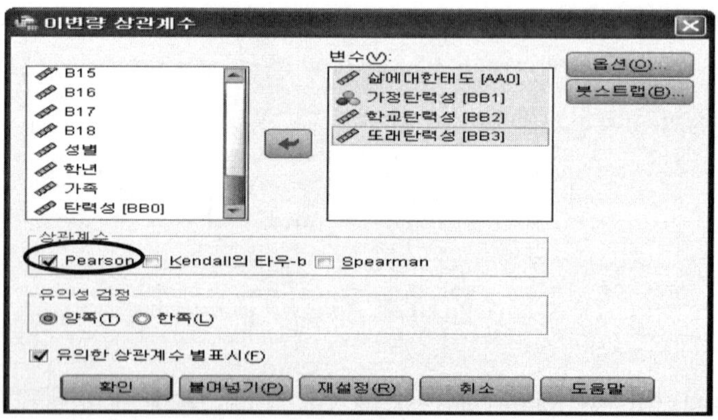

③ [이변량 상관계수: 옵션] 대화상자에서 출력할 통계량을 선택한 후 [계속]을 클릭한다. [이변량 상관계수] 대화상자에서 [확인]을 클릭한다.

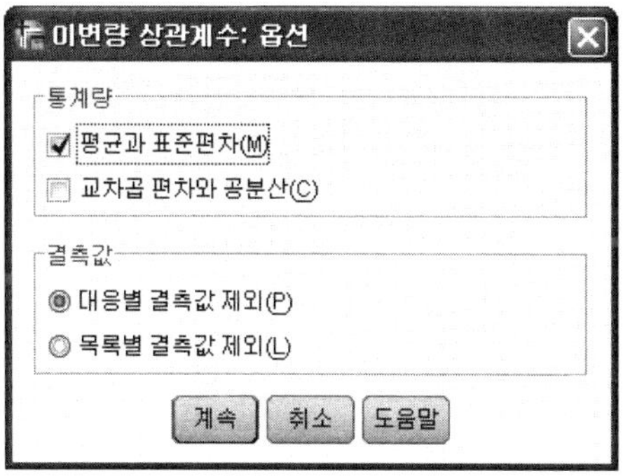

■ 분석결과 해석

- 기술통계량

기술통계량

	평균	표준편차	N
삶에 대한 태도	37.66	4.347	200
가정탄력성	24.91	5.203	200
학교탄력성	24.56	4.208	200
또래탄력성	25.27	4.642	200

- 상관계수

상관계수

		삶에 대한 태도	가정탄력성	학교탄력성	또래탄력성
삶에 대한 태도	Person 상관계수	1	.231**	.284**	.286**
	유의확률(양쪽)		.001	.000	.000
	N	200	200	200	200
가정탄력성	Person 상관계수	.231**	1	.416**	.511**
	유의확률(양쪽)	.001		.000	.000
	N	200	200	200	200
학교탄력성	Person 상관계수	.284**	.416**	1	.577**
	유의확률(양쪽)	.000	.000	0	.000
	N	200	200	200	200
또래탄력성	Person 상관계수	.286**	.511**	.577**	1
	유의확률(양쪽)	.000	.000	.000	
	N	200	200	200	200

**. 상관계수는 0.01 수준(양쪽)에서 유의합니다.

삶에 대한 태도, 가정탄력성, 학교탄력성, 또래탄력성 간의 상관분석 결과, 유의수준 .01에서 변수 간의 상관계수는 모두 통계적으로 유의하게 나타났다. 학교탄력성과 또래탄력성의 상관계수는 .577로 높은 상관을 보이고, 삶에 대한 태도와 가정탄력성의 상관은 .231로 낮게 나타났다.

9.2 단순회귀분석

회귀분석(regression analysis)은 한 개의 종속변수와 한 개 이상의 독립변수들의 함수식을 구하여 독립변수들의 변화로부터 종속변수의 변화를 예측하고자 하는 통계적 기법이다. 회귀분석에는 독립변수가 하나인 단순회귀분석(simple regression analysis)과 독립변수가 두 개 이상인 다중회귀분석(multiple regression analysis)이 있다.

상관분석에서 학교탄력성과 또래탄력성의 상관계수는 .577로 두 변수의 상관관계는 통계적으로 유의하며(p값$\leq$.01), 상관관계가 있는 두 변수간의 선형관계를 나타내는 것이 단순회귀분석이다.

(1) 통계적 모형

단순회귀분석은 독립변수의 변화로부터 종속변수의 변화를 예측하고자 하는 통계적 기법이다. 회귀분석에서 두 변수 사이의 관계를 아래와 같이 나타낸다.

$$\hat{y_i} = \beta_0 + \beta_1 x_i + \epsilon_i,\ i = 1, 2, \cdots n$$

여기에서, $\epsilon_1, \epsilon_2, \cdots, \epsilon_n$은 각 실험의 오차로 평균은 0이고 분산은 σ^2인 정규분포를 따른다고 가정한다. β_0와 β_1을 회귀계수라 하며, 특히 β_0을 회귀선의 절편(intercept), β_1을 회귀선의 기울기라 한다. 이 회귀계수들의 추정은 y의 실제값과 예측된 $\hat{y}$ 사이의 차이를 최소화하는 최소제곱법으로 추정한다.

β_0와 β_1은 다음 공식에 의해 추정된다.

$$\hat{\beta_1} = \frac{S_{xy}}{S_{xx}}$$

$$\widehat{\beta_0} = \overline{y} - \widehat{\beta_1}\overline{x}$$

y의 총제곱합(SST)은 다음과 같이 회귀제곱합(SSR)과 오차제곱합(SSE)으로 분해된다.

$$\underbrace{\sum_{i=1}^{n}(y_i - \overline{y})^2}_{SST} = \underbrace{\sum_{i=1}^{n}(\widehat{y_i} - \overline{y})^2}_{SSR} + \underbrace{\sum_{i=1}^{n}(y_i - \widehat{y_i})^2}_{SSE}$$

이때 결정계수(coefficient of determination)는 총제곱합 중에서 회귀제곱합이 차지하는 비율, 즉

$$R^2 = \frac{\text{회귀제곱합}}{\text{총제곱합}} = \frac{SSR}{SST} = 1 - \frac{SSE}{SST}$$

으로 회귀선의 적합도 또는 설명력을 나타내는 측도로 1에 가까울수록 독립변수의 설명력이 크고 추정된 회귀식이 자료에 적합함을 나타낸다.

단순회귀분석의 분산분석표는 다음과 같다.

모형	제곱합	자유도	평균제곱	F_0	$P-$값
회귀	SSR	1	MSR	MSR/MSE	$P[F \geq F_0]$
오차	SSE	n-2	MSE		
전체	SST	n-1			

회귀모형의 통계적 유의성을 검정하기 위한 가설은 다음과 같다.

$$H_0 : \beta_1 = 0$$
$$H_1 : \beta_1 \neq 0$$

통계적 분포이론에 따르면 H_0하에서

$$F_0 = \frac{\text{회귀평균제곱}}{\text{오차평균세곱}} = \frac{MSR}{MSE}$$

은 자유도가 (1, n-1)인 F분포를 따른다.

유의확률 p값에 의한 통계적 유의성 검정에서

$$\text{유의확률 } p\text{값} \leq \text{유의수준 } \alpha$$

이면 귀무가설(H_0)을 기각한다. 즉, 회기식이 통계적으로 유의하다.

$$\text{유의확률 } p\text{값} > \text{유의수준 } \alpha$$

이면 귀무가설(H_0)을 기각할 수 없다. 즉, 회귀식이 통계적으로 유의하지 않다.

(2) 분석 예제

탄력성척도(완성).sav 데이터에서 "또래탄력성은 학교탄력성에 통계적으로 유의한 영향을 미치는가?"에 대한 단순회귀분석 과정은 다음과 같다.

① 메뉴에서 [분석(A)]-[회귀분석(R)]-[선형(L)]을 클릭한다.

② [선형 회귀분석] 대화상자에서 종속변수(D), 독립변수(I)를 지정한 다음  을 클릭한다.

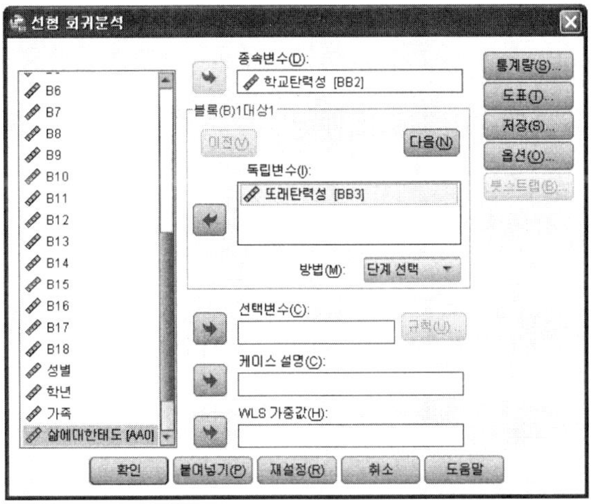

■ 분석결과 해석

- 회귀모형의 유의성

분산분석[b]

모형		제곱합	자유도	평균 제곱	F	유의확률
1	회귀 모형	1174.405	1	1174.405	98.997	.000[a]
	잔차	2348.875	198	11.863		
	합계	3523.280	199			

a. 예측값: (상수), 또래탄력성

b. 종속변수: 학교탄력성

회귀모형에 대한 유의성 검정결과, F 통계량 98.997이고

$$유의확률\ p값 = .000 \le 유의수준\ \alpha = .01$$

이므로 귀무가설(H_0)이 기각되어 적합 된 선형 회귀모형이 통계적으로 유의함을 알 수 있다.

- 결정계수

모형 요약

모형	R	R제곱	수정된 R제곱	추정값의 표준오차
1	.577[a]	.333	.330	3.444

a. 예측값: (상수), 또래탄력성

R제곱 값은 0.333으로 추정된 회귀직선이 전체 자료를 약 33.0% 정도 설명하고 있다. 결정계수는 독립변수의 수가 많을수록 커지는 경향이 있으므로 표본 수가 많지 않을 경우에는 자유도를 고려한 수정된 R제곱 값을 사용한다.

- 회귀계수

계수[a]

모형		비표준화 계수		표준화계수	t	유의확률
		B	표준오차	베타		
1	(상수)	11.339	1.351		8.394	.000
	또래탄력성	.523	.053	.577	9.950	.000

a. 종속변수: 학교탄력성

회귀식의 상수값($\widehat{\beta_0}$)은 11.339이며 x의 회귀계수($\widehat{\beta_1}$)는 .523이다. 회귀계수의 유의성을 검정하는 t 값 9.950은 유의확률 .000 ≤ 유의수준 .01이므로 이 회귀계수는 통계적으로 유의하다고 볼 수 있다. 위의결과로부터 추정된 회귀식은 다음과 같다.

학교탄력성 = 11.339 + .523 * 또래탄력성

이는 어떤 학생의 또래탄력성(x)가 20이라고 가정할 때, 학교탄력성은(y) 21.799로 예측할 수 있다.

9.3 다중회귀분석

다중회귀분석은 두 개 이상의 독립변수가 종속변수에 미치는 영향을 분석한다. 예를 들어 학교탄력성이라는 종속변수에 가장 큰 영향을 미치는 독립변수(삶에 대한 태도, 가정탄력성, 또래탄력성)를 찾아내고, 종속변수를 가장 잘 설명해 주는 회귀모형을 찾는 것이다.

변수 선택방법으로는 전진선택법(forward selection), 후진제거법(backward elimination), 단계선택법(stepwise selection) 등이 있다. 특히, 단계선택법은 현재 가장 많이 사용하는 방법으로 독립변수의 추가와 제거로 회귀모형을 결정한다.

탄력성척도(완성).sav 데이터에서 “삶에 대한 태도, 가정탄력성, 또래탄력성이 학교탄력성에 유의한 영향을 미치는가?”에 대한 다중회귀분석을 단계별 변수선택법으로 분석하는 과정은 다음과 같다.

① 메뉴에서 [분석(A)]-[회귀분석(R)]-[선형(L)]을 클릭한다.

② [선형 회귀분석] 대화상자에서 종속변수(D), 독립변수(I)를 지정하고, 방법(M)에서 변수 선택방법을 지정한 다음 확인을 클릭한다.

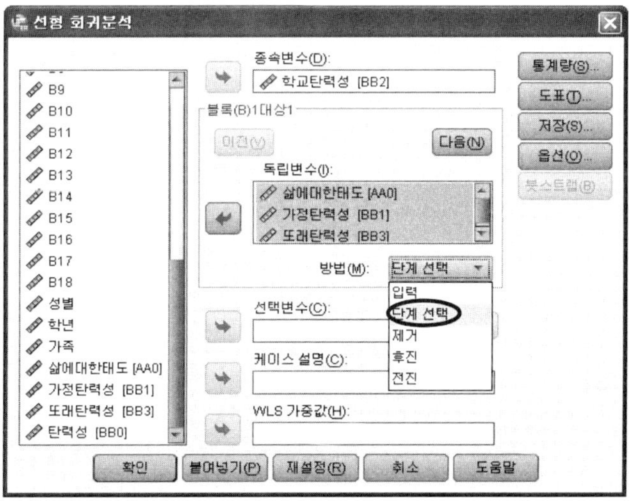

■ 분석결과 해석

• 입력된 변수 또는 제거된 변수

집입/제거된 변수[a]

모형	집입된 변수	제거된 변수	방법
1	또래탄력성	.	단계선택(기준 : 입력할 F의 확률 <= .050, 제거할 F의 확률 >= .100)
2	가정탄력성	.	단계선택(기준 : 입력할 F의 확률 <= .050, 제거할 F의 확률 >= .100)

a. 종속변수: 학교탄력성

단계선택법에서 학교탄력성을 설명하기 위한 독립변수로는 모형 1에서는 또래탄력성이 모형 2에서는 가정탄력성이 모형에 포함되었다.

• 결정계수

모형 요약

모형	R	R제곱	수정된 R제곱	추정값의 표준오차
1	.577[a]	.333	.330	3.444
2	.594[b]	.353	.346	3.402

a. 예측값: (상수), 또래탄력성
b. 예측값: (상수), 또래탄력성, 가정탄력성

또래탄력성만 포함된 모형 1에서의 R제곱 값은 .333으로 전체 자료의 33.3% 정도를 설명하고 있다. 가정탄력성이 추가된 모형 2에서는 R제곱 값은 .02 증가되어 .353으로 전체 자료의 35.3%를 설명하고 있다. 따라서 모형 2를 최종모형으로 선택한다.

제 10 장 타당도와 신뢰도

10.1 타당도

연구자는 통계분석을 실시하기 전에 올바른 측정도구를 사용해서 측정대상을 정확하게 측정하였는지, 그리고 얼마나 신뢰할 수 있는지를 알아보기 위해 반드시 타당성과 신뢰성을 검증하여야 한다.

타당성(validity)은 자료 수집을 위해 개발된 도구가 측정하고자 하는 개념이나 속성을 얼마나 정확하게 측정할 수 있는가를 나타내는 지표이다. 예를 들어, 학생들의 지능수준을 측정하기 위해 작성된 지능검사지의 내용이 학생들의 지능수준을 얼마나 정확하게 측정할 수 있는지에 대한 타당도를 자료 분석 전에 반드시 검증하여야 한다.

요인분석(factor analysis)은 측정변수간의 상관행렬로부터 공통 요인을 끄집어내어 그 공통요인을 이용해서 변수간의 상관관계를 설명하고, 공통요인과의 관계에 의해서 각 변수의 성질을 간결한 형태로 기술하는 것이다. 이러한 요인분석은 측정 도구의 타당성 검증을 위해 많이 사용되며, 요인으로 묶이지 않는 중요도가 낮은 변수는 제거하거나 수정한다.

다음은 탄력성척도(완성).sav 데이터에서 탄력성 3개 영역 즉 가정탄력성, 학교탄력성, 또래탄력성에 대한 타당성 검증을 위해 요인분석하는 과정이다.

① 메뉴에서 [분석(A)]-[차원감소(D)]-[요인분석(F)]를 클릭한다.

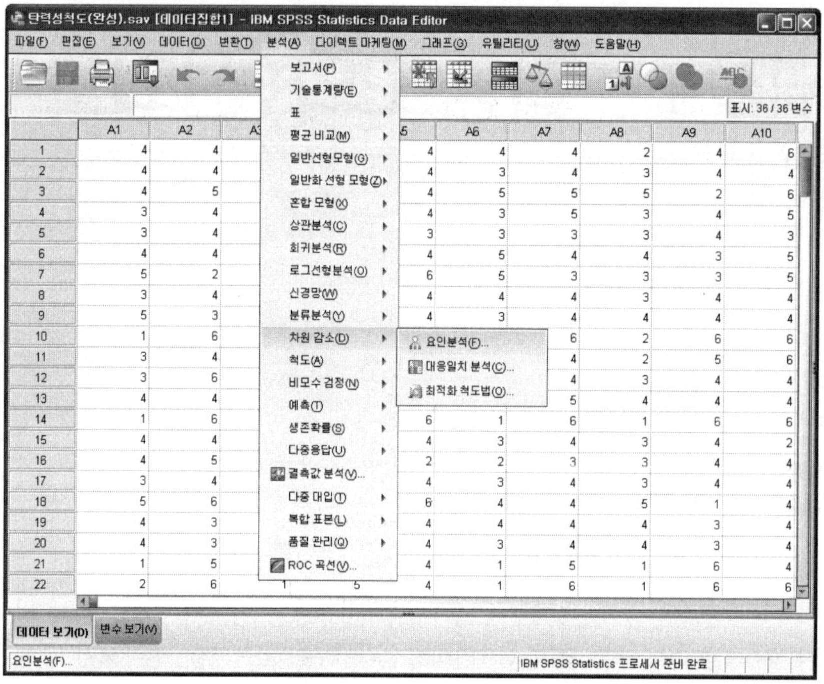

② 변수목록에서 분석하고자 하는 변수들(B1-B18)을 선택하고, 기술통계(D)... 을 클릭한다.

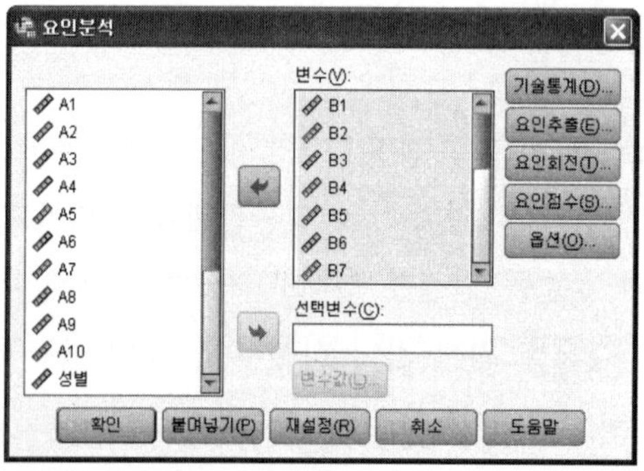

③ [요인분석: 기술통계] 대화상자에서 출력할 통계량과 상관행렬을 선택하고 계속 을 클릭한다. [요인분석] 대화상자에서 요인추출(E)... 을 클릭한다.

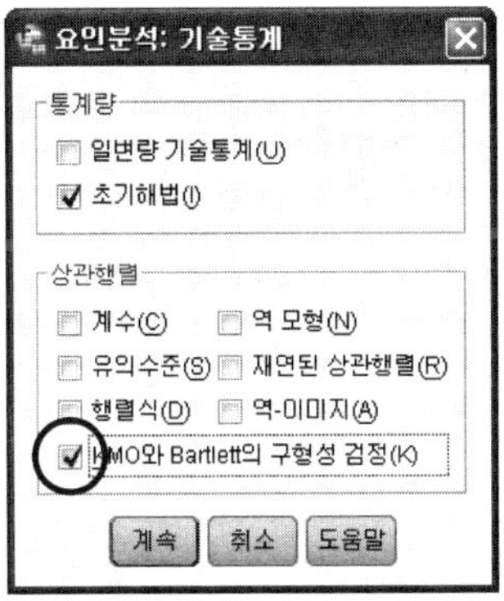

④ [요인분석: 요인추출] 대화상자에서 요인추출 방법(M), 표시를 지정한다. 방법(M)에서는 요인수를 정하는 방법으로 '고유값 기준'이나 '요인 수 지정'을 선택하고 계속 을 클릭한다. [요인분석] 대화상자에서 요인회전(T)... 을 클릭한다.

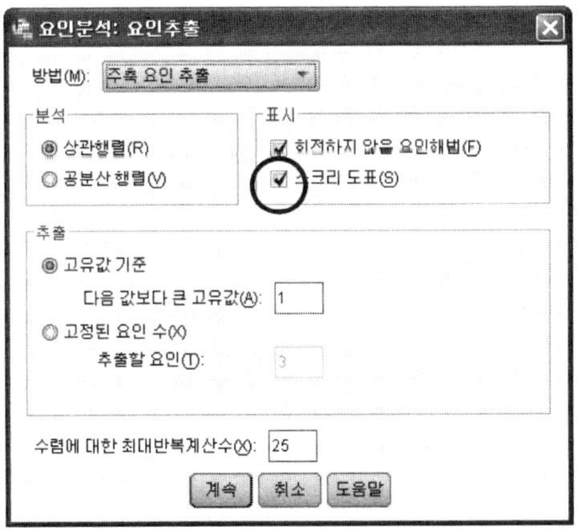

⑤ [요인분석: 요인회전] 대화상자에서 요인회전 방법과 표시할 값을 선택하고 계속 을 클릭한다. [요인분석] 대화상자에서 요인점수(S)... 을 클릭한다.

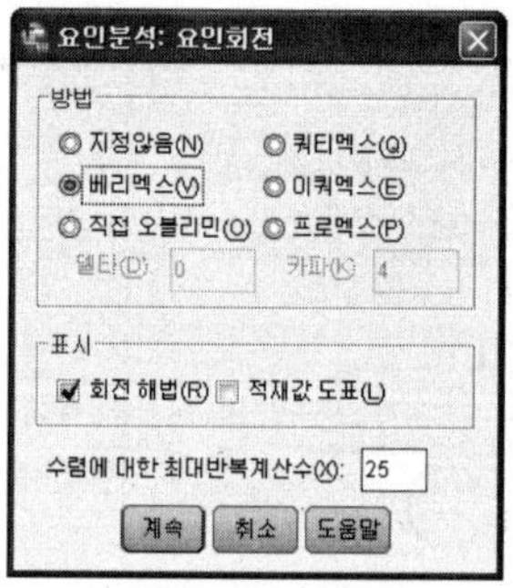

⑥ [요인분석: 요인점수] 대화상자에서 변수로 저장(S), 요인점수 계수행렬 출력(D)을 선택하고 [계속]을 클릭한다. [요인분석] 대화상자에서 [옵션(O)...]을 클릭한다.

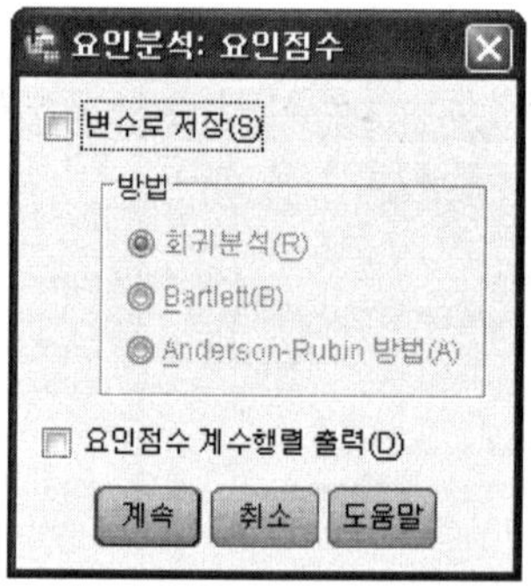

⑦ [요인분석: 옵션] 대화상자에서 결측값, 계수출력형식을 선택하고 [계속]을 클릭한다. [요인분석] 대화상자에서 [확인]을 클릭한다.

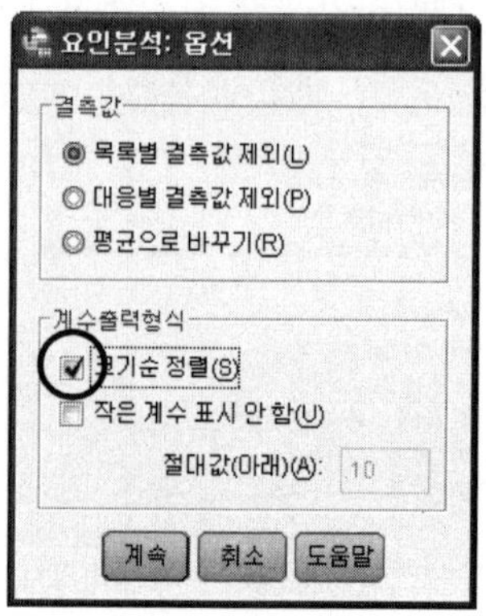

■ 분석결과 해석

• KMO와 Bartlee의 검정

KMO와 Bartlett의 검정

표준형성 적절성의 Kaiser-Meyer-Olkin 측도		.850
Bartlett의 구형성 검정	근사 카이제곱	1403.787
	자유도	153
	유의확률	.000

KMO값은 표본 적합도를 나타내는 값으로 0.7 이상이면 표본자료는 요인분석에 적합하다고 할 수 있으며, Bartlett의 구형성 검정은 변수간의 상관행렬이 단위행렬인지 여부를 판단하는 검정방법으로 변수 간 행렬이 단위행렬이라는 귀무가설(H_0)이 기각되면 차후에 계속 진행할 수 있음을 나타낸다.

분석결과, KMO값은 .850로 기준 값보다 크고, Bartlett의 구형성 검정에서 χ^2 값은 1403.787, 자유도 153, 유의확률 .000으로 유의수준 .05에서 요인분석이 타당하게 이루어졌다고 할 수 있다.

• 설명된 총 분산

요인분석에서 요인의 수는 고유치(eigenvalue)가 1 이상인 요인으로 추출하고, 고유치는 그 요인이 설명하는 분산의 양을 나타내므로 이 값이 큰 요인이 중요한 요인이 된다. 탄력성 척도의 요인분석에서 초기 고유값이 1 이상인 요인은 다섯 개로 나타났고, 회전 제곱합 적재값에서 요인 1은 전체 분산의 14.094%, 요인 2는 전체 분산의 13.376%, 요인 3은 전체 분산의 11.835%, 요인 4는 전체 분산의 6.3993%, 요인 5는 전체 분산의 5.480%로 다섯 개 요인은 전체 분산의 51.183%를 설명하고 있다. 이는 기준인 60%보다 낮게 나타났다.

설명된 총분산

요인	초기 고유값			추출 제곱합 적재값			회전 제곱합 적재값		
	합계	%분산	%누적	합계	%분산	%누적	합계	%분산	%누적
1	6.192	34.401	34.401	5.744	31.909	31.909	2.537	14.094	14.094
2	2.009	11.162	45.563	1.546	8.591	40.500	2.408	13.376	27.469
3	1.358	7.544	53.107	.803	4.464	44.963	2.130	11.835	39.304
4	1.053	5.849	58.956	.596	3.313	48.276	1.152	6.399	45.703
5	1.042	5.790	64.747	.523	2.907	51.183	.986	5.480	51.183
6	.932	5.178	69.925						
7	.743	4.130	74.055						
8	.681	3.785	77.840						
9	.634	3.525	81.364						
10	.569	3.163	84.527						
11	.455	2.527	87.054						
12	.423	2.348	89.402						
13	.387	2.148	91.550						
14	.360	2.000	93.550						
15	.338	1.876	95.426						
16	.309	1.715	97.141						
17	.288	1.599	98.740						
18	.227	1.260	100.000						

추출 방법 : 주축요인추출

- 스크리 도표

요인의 수를 정하는 방법의 하나로 스크리 도표가 있다. 스크리 도표에서 요인의 수가 다섯 개인 지점부터 경사가 완만해지므로 추출된 요인의 수는 다섯 개가 적당함을 알 수 있다.

스크리 도표

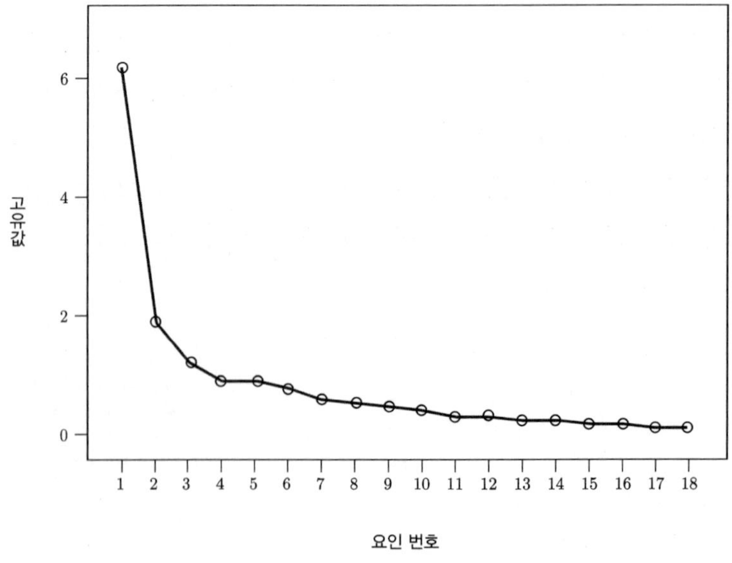

• 회전된 요인행렬

요인 회전은 베리맥스(Varimax)법을 사용하였고, 요인 적재량이 ±.4 이상이면 해당 요인과 상관이 높다고 할 수 있다. 요인 1은 4,7,8,5,1문항으로 학교 탄력성으로, 요인 2는 15,17,10,13문항으로 또래 탄력성으로, 요인 3은 12,16,11,2,14문항으로 가정 탄력성으로 볼 수 있다. 요인 4는 6, 3, 9 문항은 또 다른 또래 탄력성으로 볼 수 있으며, 요인 5는 18 문항으로 가정 탄력성이다. 따라서 요인분석 결과, 학교 탄력성인 문항 10은 요인 2의 또래 탄력성으로 나타났으므로 검토가 필요하며, 또한 요인 4와 요인 5에 해당하는 문항도 검토를 통하여 수정하거나 제거할 필요가 있다.

회전된 요인행렬[a]

	요인				
요인	1	2	3	4	5
B4	.748	.166	.211	.281	-.053
B7	.682	.198	.340	.111	-.104
B8	.614	.439	.032	.135	.152
B5	.581	.316	-.033	.167	.278
B1	-.556	-.128	.055	-.253	-.213
B15	.175	.654	.149	.113	.158
B17	.169	.618	.303	.152	.130
B10	.432	.614	.091	-.047	.017
B13	.263	.577	.224	.154	.154
B12	.095	.262	.748	.143	.188
B16	.056	.245	.561	.238	.215
B11	.099	.354	.515	.014	-.012
B2	.040	-.029	.496	.048	.038
B14	.092	.278	.441	-.028	.429
B6	.135	.050	.034	.618	.140
B3	.184	.055	.156	.462	-.010
B9	.256	.373	.129	.445	-.131
B18	.151	.184	.414	.123	.676

요인 추출 방법 : 주축 요인추출.
회전 방법 : Kaiser정규화가 있는 베리맥스.
a. 9반복계산에서 요인회전이 수렴되었습니다.

10.2 신뢰도

신뢰도(reliability)는 측정하고자 하는 것을 얼마나 일관성 있게 측정하였는가를 나타내는 것으로서, 안정성(stability), 일관성(consistency), 정확성(accuracy), 예측 가능성(predictability)이라고도 한다. 신뢰도를 측정하는 대표적인 방법으로 재검사법, 반분법, 내적 일관성이 있다. 내적 일관성은(internal consistency reliability)은 동일한 개념을 측정하기 위해 여러 개의 항목을 이용하는 경우에 신뢰성을 측정하는 방법으로, 크론바하 알파(Cronbach's alpha)라는 계수값을 산출해서 여러 항목들로 구성된 측정방법의 신뢰성을 평가한다. 일반적으로 크론바하 알파계수가 0.7 이상이면 측정항목들의 신뢰성이 높다고 할 수 있다. 신뢰도 분석에서 가장 많이 사용되는 것은 크론바하 알파계수 값을 이용한 내적 일관성 방법이다.

다음은 탄력성척도(완성).sav 데이터에서 가정탄력성에 대한 크론바하 알파계수를 구하는 과정이다. 가정탄력성은 B2, B11, B12, B14, B16, B18 6개의 문항으로 구성되어 있다.

① 메뉴에서 [분석(A)]-[척도(A)]-[신뢰도 분석(R)]을 클릭한다.

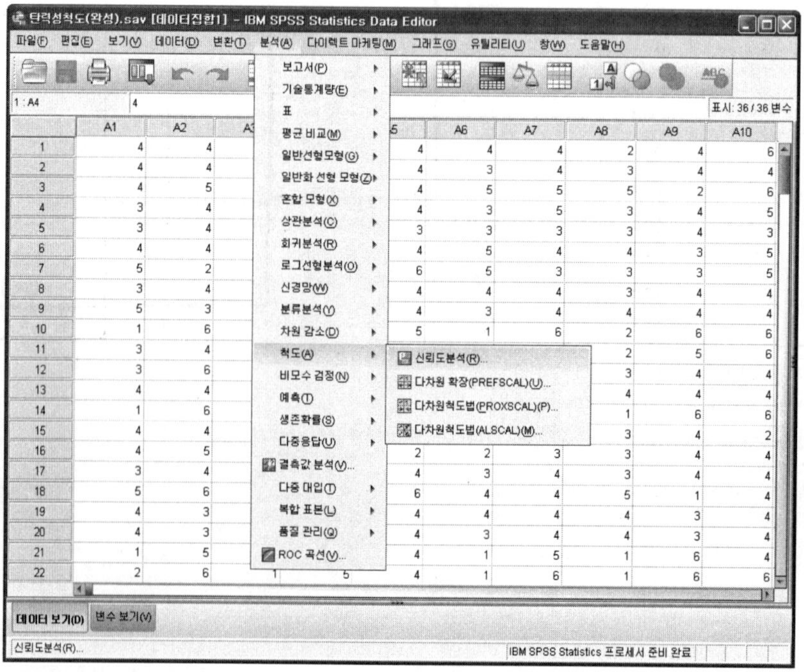

② [신뢰도 분석] 대화상자의 변수목록에서 분석할 변수를 선택하여 '항목(I)' 으로 이동시키고, 척도설명을 입력한 후 확인을 클릭한다.

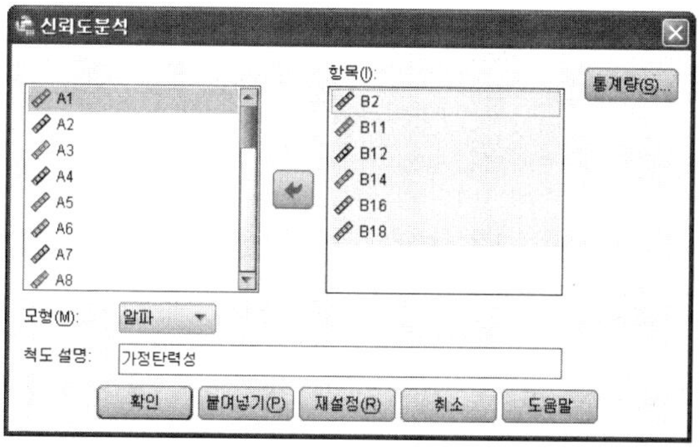

③ [신뢰도 분석: 통계량] 대화상자에서 출력할 기술통계량을 선택하고 계속을 클릭한다. [요인분석] 대화상자에서 확인을 클릭한다.

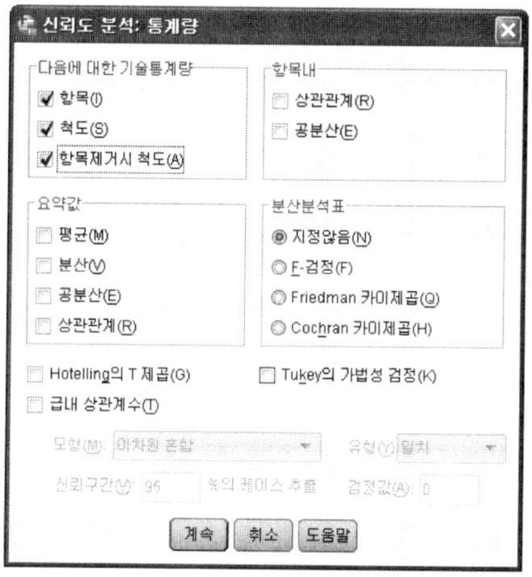

■ 분석결과 해석

• 신뢰도 통계량

척도: 가정탄력성

케이스 처리 요약

		N	%
케이스	유효	199	99.5
	제외됨[a]	1	.5
	합계	200	100.0

a. 목록별 삭제는 프로시저의 모든 변수를 기준으로 합니다.

신뢰도 통계량

Cronbach의 알파	항목 수
.783	6

가정탄력성에 대한 Cronbach의 알파 값은 .783 높은 신뢰도를 가진다.

• 항목 통계량

항목 통계량

	평균	표준편차	N
B2	4.18	1.332	199
B11	4.53	1.132	199
B12	4.23	1.261	199
B14	3.98	1.263	199
B16	4.35	1.149	199
B18	3.66	1.360	199

• 항목 총계 통계량

항목 총계 통계량

	항목이 삭제된 경우 척도 평균	항목이 삭제된 경우 척도 분산	수정된 항목-전체 상관관계	항목이 삭제된 경우 Cronbach 알파
B2	20.75	20.896	.365	.793
B11	20.40	21.080	.458	.768
B12	20.70	17.957	.708	.705
B14	20.95	19.321	.558	.744
B16	20.58	19.952	.569	.743
B18	21.27	18.671	.561	.744

각 항목에서 해당 항목이 삭제된 경우, 크론바하 알파계수 값이 높아지면 그 문항은 신뢰도를 떨어뜨리는 문항이 된다. 따라서 B2문항을 삭제된 경우의 크론바하 알파계수가 .793으로 높아졌으므로 이 문항은 삭제를 고려할 필요가 있다.

• 척도 통계량

척도 통계량

평균	분산	표준편차	항목 수
24.93	27.116	5.207	6

척도 통계량은 6개 문항으로 구성된 가정탄력성 전체의 기술통계량을 나타낸다.

참고문헌

허명회(1991), 설문지 시험지 문항의 신뢰성 분석, 『응용통계연구』, 4권 1호, 93-105.

허명회(1999), 『통계조사의 길잡이』, 자유아카데미.

L.M. Rea & R.A. Parker(1998), 『통계조사방법』, 한국통계학회 조사통계연구회 역.

부록

[표 1]　표준정규분포표

[표 2]　스튜던트 t 분포표

[표 3]　카이제곱분포표

[표 4]　F 분포표

[표 5]　난수표

[표 1] 표준정규분포표

$$P(X \leq z) = \Phi(z) = \int_{-\infty}^{z} \frac{1}{\sqrt{2\pi}} e^{-w^2/2} dw$$

$$|\Phi(-z) = 1 - \Phi(z)|$$

z	0.00	0.01	0.02	0.03	0.04	0.05	0.06	0.07	0.08	0.09
0.0	0.5000	0.5040	0.5080	0.5120	0.5160	0.5199	0.5239	0.5279	0.5319	0.5359
0.1	0.5398	0.5438	0.5478	0.5517	0.5557	0.5596	0.5636	0.5675	0.5714	0.5753
0.2	0.5793	0.5832	0.5871	0.5910	0.5948	0.5987	0.6026	0.6064	0.6103	0.6141
0.3	0.6179	0.6217	0.6255	0.6293	0.6331	0.6368	0.6406	0.6443	0.6480	0.6517
0.4	0.6554	0.6591	0.6628	0.6664	0.6700	0.6736	0.6772	0.6808	0.6844	0.6879
0.5	0.6915	0.6950	0.6985	0.7019	0.7054	0.7088	0.7123	0.7157	0.7190	0.7224
0.6	0.7257	0.7291	0.7324	0.7357	0.7389	0.7422	0.7454	0.7486	0.7517	0.7549
0.7	0.7580	0.7611	0.7642	0.7673	0.7703	0.7734	0.7764	0.7794	0.7823	0.7852
0.8	0.7881	0.7910	0.7939	0.7967	0.7995	0.8023	0.8051	0.8078	0.8106	0.8133
0.9	0.8159	0.8186	0.8212	0.8238	0.8264	0.8289	0.8315	0.8340	0.8365	0.8389
1.0	0.8413	0.8438	0.8461	0.8485	0.8508	0.8531	0.8554	0.8577	0.8599	0.8621
1.1	0.8643	0.8665	0.8686	0.8708	0.8729	0.8749	0.8770	0.8790	0.8810	0.8830
1.2	0.8849	0.8869	0.8888	0.8907	0.8925	0.8944	0.8962	0.8980	0.8997	0.9015
1.3	0.9032	0.9049	0.9066	0.9082	0.9099	0.9115	0.9131	0.9147	0.9162	0.9177
1.4	0.9192	0.9207	0.9222	0.9236	0.9251	0.9265	0.9279	0.9292	0.9306	0.9319
1.5	0.9332	0.9345	0.9357	0.9370	0.9382	0.9394	0.9406	0.9418	0.9429	0.9441
1.6	0.9452	0.9463	0.9474	0.9484	0.9495	0.9505	0.9515	0.9525	0.9535	0.9545
1.7	0.9554	0.9564	0.9573	0.9582	0.9591	0.9599	0.9608	0.9616	0.9625	0.9633
1.8	0.9641	0.9649	0.9656	0.9664	0.9671	0.9678	0.9686	0.9693	0.9699	0.9706
1.9	0.9713	0.9719	0.9726	0.9732	0.9738	0.9744	0.9750	0.9756	0.9761	0.9767
2.0	0.9772	0.9778	0.9783	0.9788	0.9793	0.9798	0.9803	0.9808	0.9812	0.9817
2.1	0.9821	0.9826	0.9830	0.9834	0.9838	0.9842	0.9846	0.9850	0.9854	0.9857
2.2	0.9861	0.9864	0.9868	0.9871	0.9875	0.9878	0.9881	0.9884	0.9887	0.9890
2.3	0.9893	0.9896	0.9898	0.9901	0.9904	0.9906	0.9909	0.9911	0.9913	0.9916
2.4	0.9918	0.9920	0.9922	0.9925	0.9927	0.9929	0.9931	0.9932	0.9934	0.9936
2.5	0.9938	0.9940	0.9941	0.9943	0.9945	0.9946	0.9948	0.9949	0.9951	0.9952
2.6	0.9953	0.9955	0.9956	0.9957	0.9959	0.9960	0.9961	0.9962	0.9963	0.9964
2.7	0.9965	0.9966	0.9967	0.9968	0.9969	0.9970	0.9971	0.9972	0.9973	0.9974
2.8	0.9974	0.9975	0.9976	0.9977	0.9977	0.9978	0.9979	0.9979	0.9980	0.9981
2.9	0.9981	0.9982	0.9982	0.9983	0.9984	0.9984	0.9985	0.9985	0.9986	0.9986
3.0	0.9987	0.9987	0.9987	0.9988	0.9988	0.9989	0.9989	0.9989	0.9990	0.9990

α	0.400	0.300	0.200	0.100	0.050	0.025	0.010	0.005	0.001
z_α	0.253	0.524	0.842	1.282	1.645	1.960	2.326	2.576	3.090
$z_{\alpha/2}$	0.842	1.036	1.282	1.645	1.960	2.240	2.576	2.807	3.291

[표 2] 스튜던트 t 분포-오른쪽 꼬리 확률

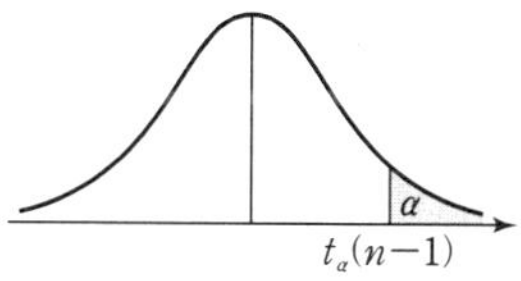

df\α	0.25	0.20	0.15	0.10	0.05	0.025	0.02	0.01	0.005	0.0025	0.001	0.0005
1	1.000	1.376	1.963	3.078	6.314	12.71	15.89	31.82	63.66	127.3	318.3	636.6
2	0.816	1.061	1.386	1.886	2.920	4.303	4.849	6.965	9.925	14.09	22.33	31.60
3	0.765	0.978	1.250	1.638	2.353	3.182	3.482	4.541	5.841	7.453	10.21	12.92
4	0.741	0.941	1.190	1.533	2.132	2.776	2.999	3.747	4.604	5.598	7.173	8.610
5	0.727	0.920	1.156	1.476	2.015	2.571	2.757	3.365	4.032	4.773	5.893	6.869
6	0.718	0.906	1.134	1.440	1.943	2.447	2.612	3.143	3.707	4.317	5.208	5.959
7	0.711	0.896	1.119	1.415	1.895	2.365	2.517	2.998	3.499	4.029	4.785	5.408
8	0.706	0.889	1.108	1.397	1.860	2.306	2.449	2.896	3.355	3.833	4.501	5.041
9	0.703	0.883	1.100	1.383	1.833	2.262	2.398	2.821	3.250	3.690	4.297	4.781
10	0.700	0.879	1.093	1.372	1.812	2.228	2.359	2.764	3.169	3.581	4.144	4.587
11	0.697	0.876	1.088	1.363	1.796	2.201	2.328	2.718	3.106	3.497	4.025	4.437
12	0.695	0.873	1.083	1.356	1.782	2.179	2.303	2.681	3.055	3.428	3.930	4.318
13	0.694	0.870	1.079	1.350	1.771	2.160	2.282	2.650	3.012	3.372	3.852	4.221
14	0.692	0.868	1.076	1.345	1.761	2.145	2.264	2.624	2.977	3.326	3.787	4.140
15	0.691	0.866	1.074	1.341	1.753	2.131	2.249	2.602	2.947	3.286	3.733	4.073
16	0.690	0.865	1.071	1.337	1.746	2.120	2.235	2.583	2.921	3.252	3.686	4.015
17	0.689	0.863	1.069	1.333	1.740	2.110	2.224	2.567	2.898	3.222	3.646	3.965
18	0.688	0.862	1.067	1.330	1.734	2.101	2.214	2.552	2.878	3.197	3.611	3.922
19	0.688	0.861	1.066	1.328	1.729	2.093	2.205	2.539	2.861	3.174	3.579	3.883
20	0.687	0.860	1.064	1.325	1.725	2.086	2.197	2.528	2.845	3.153	3.552	3.850
21	0.686	0.859	1.063	1.323	1.721	2.080	2.189	2.518	2.831	3.135	3.527	3.819
22	0.686	0.858	1.061	1.321	1.717	2.074	2.183	2.508	2.819	3.119	3.505	3.792
23	0.685	0.858	1.060	1.319	1.714	2.069	2.177	2.500	2.807	3.104	3.485	3.768
24	0.685	0.857	1.059	1.318	1.711	2.064	2.172	2.492	2.797	3.091	3.467	3.745
25	0.684	0.856	1.058	1.316	1.708	2.060	2.167	2.485	2.787	3.078	3.450	3.725
26	0.684	0.856	1.058	1.315	1.706	2.056	2.162	2.479	2.779	3.067	3.435	3.707
27	0.684	0.855	1.057	1.314	1.703	2.052	2.158	2.473	2.771	3.057	3.421	3.690
28	0.683	0.855	1.056	1.313	1.701	2.048	2.154	2.467	2.763	3.047	3.408	3.674
29	0.683	0.854	1.055	1.311	1.699	2.045	2.150	2.462	2.756	3.038	3.396	3.659
30	0.683	0.854	1.055	1.310	1.697	2.042	2.147	2.457	2.750	3.030	3.385	3.646
40	0.681	0.851	1.050	1.303	1.684	2.021	2.123	2.423	2.704	2.971	3.307	3.551
50	0.679	0.849	1.047	1.299	1.676	2.009	2.109	2.403	2.678	2.937	3.261	3.496
60	0.679	0.848	1.045	1.296	1.671	2.000	2.099	2.390	2.660	2.915	3.232	3.460
80	0.678	0.846	1.043	1.292	1.664	1.990	2.088	2.374	2.639	2.887	3.195	3.416
100	0.677	0.845	1.042	1.290	1.660	1.984	2.081	2.364	2.626	2.871	3.174	3.390
1,000	0.675	0.842	1.037	1.282	1.646	1.962	2.056	2.330	2.581	2.813	3.098	3.300
∞	0.674	0.841	1.036	1.282	1.645	1.960	2.054	2.326	2.576	2.807	3.091	3.291

[표 3] 카이제곱분포-오른쪽 꼬리 확률

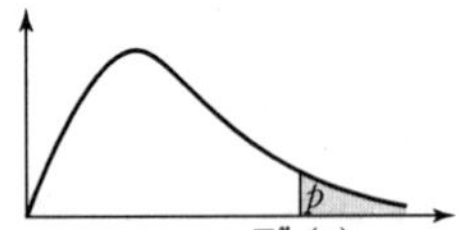

$F^{n}_{m}(p)$

df	0.9995	0.999	0.9975	0.995	0.990	0.975	0.950	0.900	0.750	0.500
1	0.00	0.00	0.00	0.00	0.00	0.00	0.00	0.02	0.10	0.45
2	0.00	0.00	0.01	0.01	0.02	0.05	0.10	0.21	0.58	1.39
3	0.02	0.02	0.04	0.07	0.11	0.22	0.35	0.58	1.21	2.37
4	0.06	0.09	0.14	0.21	0.30	0.48	0.71	1.06	1.92	3.36
5	0.16	0.21	0.31	0.41	0.55	0.83	1.15	1.61	2.67	4.35
6	0.30	0.38	0.53	0.68	0.87	1.24	1.64	2.20	3.45	5.35
7	0.48	0.60	0.79	0.99	1.24	1.69	2.17	2.83	4.25	6.35
8	0.71	0.86	1.10	1.34	1.65	2.18	2.73	3.49	5.07	7.34
9	0.97	1.15	1.45	1.73	2.09	2.70	3.33	4.17	5.90	8.34
10	1.26	1.48	1.83	2.16	2.56	3.25	3.94	4.87	6.74	9.34
11	1.59	1.83	2.23	2.60	3.05	3.82	4.57	5.58	7.58	10.34
12	1.93	2.21	2.66	3.07	3.57	4.40	5.23	6.30	8.44	11.34
13	2.31	2.62	3.11	3.57	4.11	5.01	5.89	7.04	9.30	12.34
14	2.70	3.04	3.58	4.07	4.66	5.63	6.57	7.79	10.17	13.34
15	3.11	3.48	4.07	4.60	5.23	6.26	7.26	8.55	11.04	14.34
16	3.54	3.94	4.57	5.14	5.81	6.91	7.96	9.31	11.91	15.34
17	3.98	4.42	5.09	5.70	6.41	7.56	8.67	10.09	12.79	16.34
18	4.44	4.90	5.62	6.26	7.01	8.23	9.39	10.86	13.68	17.34
19	4.91	5.41	6.17	6.84	7.63	8.91	10.12	11.65	14.56	18.34
20	5.40	5.92	6.72	7.43	8.26	9.59	10.85	12.44	15.45	19.34
21	5.90	6.45	7.29	8.03	8.90	10.28	11.59	13.24	16.34	20.34
22	6.40	6.98	7.86	8.64	9.54	10.98	12.34	14.04	17.24	21.34
23	6.92	7.53	8.45	9.26	10.20	11.69	13.09	14.85	18.14	22.34
24	7.45	8.08	9.04	9.89	10.86	12.40	13.85	15.66	19.04	23.34
25	7.99	8.65	9.65	10.52	11.52	13.12	14.61	16.47	19.94	24.34
26	8.54	9.22	10.26	11.16	12.20	13.84	15.38	17.29	20.84	25.34
27	9.09	9.80	10.87	11.81	12.88	14.57	16.15	18.11	21.75	26.34
28	9.66	10.39	11.50	12.46	13.56	15.31	16.93	18.94	22.66	27.34
29	10.23	10.99	12.13	13.12	14.26	16.05	17.71	19.77	23.57	28.34
30	10.80	11.59	12.76	13.79	14.95	16.79	18.49	20.60	24.48	29.34
40	16.91	17.92	19.42	20.71	22.16	24.43	26.51	29.05	33.66	39.34
50	23.46	24.67	26.46	27.99	29.71	32.36	34.76	37.69	42.94	49.33
60	30.34	31.74	33.79	35.53	37.48	40.48	43.19	46.46	52.29	59.33
80	44.79	46.52	49.04	51.17	53.54	57.15	60.39	64.28	71.14	79.33
100	59.90	61.92	64.86	67.33	70.06	74.22	77.93	82.36	90.13	99.33

[표 3] 카이제곱분포-오른쪽 꼬리 확률

df	0.250	0.200	0.150	0.100	0.050	0.025	0.020	0.010	0.005	0.0025	0.001	0.0005
1	1.32	1.64	2.07	2.71	3.84	5.02	5.41	6.63	7.88	9.14	10.83	12.12
2	2.77	3.22	3.79	4.61	5.99	7.38	7.82	9.21	10.60	11.98	13.82	15.20
3	4.11	4.64	5.32	6.25	7.81	9.35	9.84	11.34	12.84	14.32	16.27	17.73
4	5.39	5.99	6.74	7.78	9.49	11.14	11.67	13.28	14.86	16.42	18.47	20.00
5	6.63	7.29	8.12	9.24	11.07	12.83	13.39	15.09	16.75	18.39	20.51	22.11
6	7.84	8.56	9.45	10.64	12.59	14.45	15.03	16.81	18.55	20.25	22.46	24.10
7	9.04	9.80	10.75	12.02	14.07	16.01	16.62	18.48	20.28	22.04	24.32	26.02
8	10.22	11.03	12.03	13.36	15.51	17.53	18.17	20.09	21.95	23.77	26.12	27.87
9	11.39	12.24	13.29	14.68	16.92	19.02	19.68	21.67	23.59	25.46	27.88	29.67
10	12.55	13.44	14.53	15.99	18.31	20.48	21.16	23.21	25.19	27.11	29.59	31.42
11	13.70	14.63	15.77	17.28	19.68	21.92	22.62	24.72	26.76	28.73	31.26	33.14
12	14.85	15.81	16.99	18.55	21.03	23.34	24.05	26.22	28.30	30.32	32.91	34.82
13	15.98	16.98	18.20	19.81	22.36	24.74	25.47	27.69	29.82	31.88	34.53	36.48
14	17.12	18.15	19.41	2.106	23.68	26.12	26.87	29.14	31.32	33.43	36.12	38.11
15	18.25	19.31	20.60	22.31	25.00	27.49	28.26	30.58	32.80	34.95	37.70	39.72
16	19.37	20.47	21.79	23.54	26.30	28.85	29.63	32.00	34.27	36.46	39.25	41.31
17	20.49	21.61	22.98	24.77	27.59	30.19	31.00	33.41	35.72	37.95	40.79	42.88
18	21.60	22.76	24.16	25.99	28.87	31.53	32.35	34.81	37.16	39.42	42.31	44.43
19	22.72	23.90	25.33	27.20	30.14	32.85	33.69	36.19	38.58	40.88	43.82	45.97
20	23.83	25.04	26.50	28.41	31.41	34.17	35.02	37.57	40.00	42.34	45.31	47.50
21	24.93	26.17	27.66	29.62	32.67	35.48	36.34	38.93	41.40	43.78	46.80	49.01
22	26.04	27.30	28.82	30.81	33.92	36.78	37.66	40.29	42.80	45.20	48.27	50.51
23	27.14	28.43	29.98	32.01	35.17	38.08	38.97	41.64	44.18	46.62	49.73	52.00
24	28.24	29.55	31.13	33.20	36.42	39.36	40.27	42.98	45.56	48.03	51.18	53.48
25	29.34	30.68	32.28	34.38	37.65	40.65	41.57	44.31	46.93	49.44	52.62	54.95
26	30.43	31.79	33.43	35.56	38.89	41.92	42.86	45.64	48.29	50.83	54.05	56.41
27	31.53	32.91	34.57	36.74	40.11	43.19	44.14	46.96	49.64	52.22	55.48	57.86
28	32.62	34.03	35.71	37.92	41.34	44.46	45.42	48.28	50.99	53.59	56.89	59.30
29	33.71	35.14	36.85	39.09	42.56	45.72	46.69	49.59	52.34	54.97	58.30	60.73
30	34.80	36.25	37.99	40.26	43.77	46.98	47.96	50.89	53.67	56.33	59.70	62.16
40	45.62	47.27	49.24	51.81	55.76	59.34	60.44	63.69	66.77	69.70	73.40	76.09
50	56.33	58.16	60.35	63.17	67.50	71.42	72.61	76.15	79.49	82.66	86.66	89.56
60	66.98	68.97	71.34	74.40	79.08	83.30	84.58	88.38	91.95	95.34	99.61	102.7
80	88.13	90.41	93.11	96.58	101.9	106.6	108.1	112.3	116.3	120.1	124.8	128.3
100	109.1	111.7	114.7	118.5	124.3	129.6	131.1	135.8	140.2	144.3	149.4	153.2

[표 4] F 분포–오른쪽 꼬리 확률

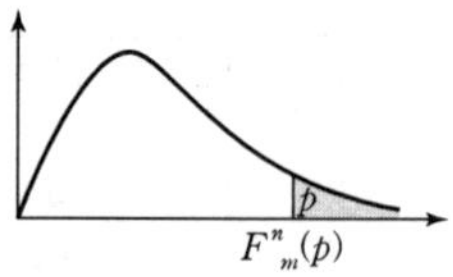

분모의 자유도 (m)	p	분자의 자유도(n) 1	2	3	4	5	6	7	8	9	10
	0.100	39.86	49.50	53.59	55.83	57.24	58.20	58.91	59.44	59.86	60.19
	0.050	161.45	199.50	215.71	224.58	230.10	233.99	236.77	238.88	240.54	241.88
1	0.025	647.79	799.50	864.16	899.58	921.85	937.11	948.22	956.66	963.28	968.63
	0.010	4052.2	4999.5	5403.4	5624.6	5763.6	5859.0	5928.4	5981.1	6022.5	6055.8
	0.001	405284	500000	540379	562500	576405	585937	592873	598144	602284	605621
	0.100	8.53	9.00	9.16	9.24	9.29	9.33	9.35	9.37	9.38	9.39
	0.050	18.51	19.00	19.16	19.25	19.30	19.33	19.35	19.37	19.38	19.40
2	0.025	38.51	39.00	39.17	39.25	39.30	39.33	39.36	39.37	39.39	39.40
	0.010	98.50	99.00	99.17	99.25	99.30	99.33	99.36	99.37	99.39	99.40
	0.001	998.50	999.00	999.17	999.25	999.30	999.33	999.36	999.37	999.39	999.40
	0.100	5.54	5.46	5.39	5.34	5.31	5.28	5.27	5.25	5.24	5.23
	0.050	10.13	9.55	9.28	9.12	9.01	8.94	8.89	8.85	8.81	8.79
3	0.025	17.44	16.04	15.44	15.10	14.88	14.73	14.62	14.54	14.47	14.42
	0.010	34.12	30.82	29.46	28.71	28.24	27.91	27.67	27.49	27.35	27.23
	0.001	167.03	148.50	141.11	137.10	134.58	132.85	131.58	130.62	129.86	129.25
	0.100	4.54	4.32	4.19	4.11	4.05	4.01	3.98	3.95	3.94	3.92
	0.050	7.71	6.94	6.59	6.39	6.26	6.16	6.09	6.04	6.00	5.96
4	0.025	12.22	10.65	9.98	9.60	9.36	9.20	9.07	8.98	8.90	8.84
	0.010	21.20	18.00	16.69	15.98	15.52	15.21	14.98	14.80	14.66	14.55
	0.001	74.14	61.25	56.18	53.44	51.71	50.53	49.66	49.00	48.47	48.05
	0.100	4.06	3.78	3.62	3.52	3.45	3.40	3.37	3.34	3.32	3.30
	0.050	6.61	5.79	5.41	5.19	5.05	4.95	4.88	4.82	4.77	4.74
5	0.025	10.01	8.43	7.76	7.39	7.15	6.98	6.85	6.76	6.68	6.62
	0.010	16.26	13.27	12.06	11.39	10.97	10.67	10.46	10.29	10.16	10.05
	0.001	47.18	37.12	33.20	31.09	29.75	28.83	28.16	27.65	27.24	26.92
	0.100	3.78	3.46	3.29	3.18	3.11	3.05	3.01	2.98	2.96	2.94
	0.050	5.99	5.14	4.76	4.53	4.39	4.28	4.21	4.15	4.10	4.06
6	0.025	8.81	7.26	6.60	6.23	5.99	5.82	5.70	5.60	5.52	5.46
	0.010	13.75	10.92	9.78	9.15	8.75	8.47	8.26	8.10	7.98	7.87
	0.001	35.51	27.00	23.70	21.92	20.80	20.03	19.46	19.03	18.69	18.41

[표 4] F 분포-오른쪽 꼬리 확률(계속)

분모의 자유도 (m)	p	분자의 자유도(n)									
		12	15	20	25	30	40	50	60	120	1,000
1	0.100	60.71	61.22	61.74	62.05	62.26	62.53	62.69	62.79	63.06	63.30
	0.050	243.91	245.95	248.01	249.26	250.10	251.14	251.77	252.20	253.25	254.11
	0.025	976.71	984.87	993.10	998.08	1001.4	1005.6	1008.1	1009.8	1014.0	1017.7
	0.010	6106.3	6157.3	6208.7	6239.8	6260.6	6286.8	6302.5	6313.0	6339.4	6362.7
	0.001	610668	615764	620908	624017	626099	628712	630285	631337	633972	636301
2	0.100	9.41	9.42	9.44	9.45	9.46	9.47	9.47	9.47	9.48	9.49
	0.050	19.41	19.43	19.45	19.46	19.46	19.47	19.48	19.48	19.49	19.49
	0.025	39.41	39.43	39.45	39.46	39.46	39.47	39.48	39.48	39.49	39.50
	0.010	99.42	99.43	99.45	99.46	99.47	99.47	99.48	99.48	99.49	99.50
	0.001	999.42	999.43	999.45	999.46	999.47	999.47	999.48	999.48	999.49	999.50
3	0.100	5.22	5.20	5.18	5.17	5.17	5.16	5.15	5.15	5.14	5.13
	0.050	8.74	8.70	8.66	8.63	8.62	8.59	8.58	8.57	8.55	8.53
	0.025	14.34	14.25	14.17	14.12	14.08	14.04	14.01	13.99	13.95	13.91
	0.010	27.05	26.87	26.69	26.58	26.50	26.41	26.35	26.32	26.22	26.14
	0.001	128.32	127.37	126.42	125.84	125.45	124.96	124.66	124.47	123.97	123.53
4	0.100	3.90	3.87	3.84	3.83	3.82	3.80	3.80	3.79	3.78	3.76
	0.050	5.91	5.86	5.80	5.77	5.75	5.72	5.70	5.69	5.66	5.63
	0.025	8.75	8.66	8.56	8.50	8.46	8.41	8.38	8.36	8.31	8.26
	0.010	14.37	14.20	14.02	13.91	13.84	13.75	13.69	13.65	13.56	13.47
	0.001	47.41	46.76	46.10	45.70	45.43	45.09	44.88	44.75	44.40	44.09
5	0.100	3.27	3.24	3.21	3.19	3.17	3.16	3.15	3.14	3.12	3.11
	0.050	4.68	4.62	4.56	4.52	4.50	4.46	4.44	4.43	4.40	4.37
	0.025	6.52	6.43	6.33	6.27	6.23	6.18	6.14	6.12	6.07	6.02
	0.010	9.89	9.72	9.55	9.45	9.38	9.29	9.24	9.20	9.11	9.03
	0.001	26.42	25.91	25.39	25.08	24.87	24.60	24.44	24.33	24.06	23.82
6	0.100	2.90	2.87	2.84	2.81	2.80	2.78	2.77	2.76	2.74	2.72
	0.050	4.00	3.94	3.87	3.83	3.81	3.77	3.75	3.74	3.70	3.67
	0.025	5.37	5.27	5.17	5.11	5.07	5.01	4.98	4.96	4.90	4.86
	0.010	7.72	7.56	7.40	7.30	7.23	7.14	7.09	7.06	6.97	6.89
	0.001	17.99	17.56	17.12	16.85	16.67	16.44	16.31	16.21	15.98	15.77

[표 4] F 분포-오른쪽 꼬리 확률(계속)

분모의 자유도 (m)	p	분자의 자유도(n)									
		1	2	3	4	5	6	7	8	9	10
	0.100	3.59	3.26	3.07	2.96	2.88	2.83	2.78	2.75	2.72	2.70
	0.050	5.59	4.74	4.35	4.12	3.97	3.87	3.79	3.73	3.68	3.64
7	0.025	8.07	6.54	5.89	5.52	5.29	5.12	4.99	4.90	4.82	4.76
	0.010	12.25	9.55	8.45	7.85	7.46	7.19	6.99	6.84	6.72	6.62
	0.001	29.25	21.69	18.77	17.20	16.21	15.52	15.02	14.63	14.33	14.08
	0.100	3.46	3.11	2.92	2.81	2.73	2.67	2.62	2.59	2.56	2.54
	0.050	5.32	4.46	4.07	3.84	3.69	3.58	3.50	3.44	3.39	3.35
8	0.025	7.57	6.06	5.42	5.05	4.82	4.65	4.53	4.43	4.36	4.30
	0.010	11.26	8.65	7.59	7.01	6.63	6.37	6.18	6.03	5.91	5.81
	0.001	25.41	18.49	15.83	14.39	13.48	12.86	12.40	12.05	11.77	11.54
	0.100	3.36	3.01	2.81	2.69	2.61	2.55	2.51	2.47	2.44	2.42
	0.050	5.12	4.26	3.86	3.63	3.48	3.37	3.29	3.23	3.18	3.14
9	0.025	7.21	5.71	5.08	4.72	4.48	4.32	4.20	4.10	4.03	3.96
	0.010	10.56	8.02	6.99	6.42	6.06	5.80	5.61	5.47	5.35	5.26
	0.001	22.86	16.39	13.90	12.56	11.71	11.13	10.70	10.37	10.11	9.89
	0.100	3.29	2.92	2.73	2.61	2.52	2.46	2.41	2.38	2.35	2.32
	0.050	4.96	4.10	3.71	3.48	3.33	3.22	3.14	3.07	3.02	2.98
10	0.025	6.94	5.46	4.83	4.47	4.24	4.07	3.95	3.85	3.78	3.72
	0.010	10.04	7.56	6.55	5.99	5.64	5.39	5.20	5.06	4.94	4.85
	0.001	21.04	14.91	12.55	11.28	10.48	9.93	9.52	9.20	8.96	8.75
	0.100	3.23	2.86	2.66	2.54	2.45	2.39	2.34	2.30	2.27	2.25
	0.050	4.84	3.98	3.59	3.36	3.20	3.09	3.01	2.95	2.90	2.85
11	0.025	6.72	5.26	4.63	4.28	4.04	3.88	3.76	3.66	3.59	3.53
	0.010	9.65	7.21	6.22	5.67	5.32	5.07	4.89	4.74	4.63	4.54
	0.001	19.69	13.81	11.56	10.35	9.58	9.05	8.66	8.35	8.12	7.92
	0.100	3.18	2.81	2.61	2.48	2.39	2.33	2.28	2.24	2.21	2.19
	0.050	4.75	3.89	3.49	3.26	3.11	3.00	2.91	2.85	2.80	2.75
12	0.025	6.55	5.10	4.47	4.12	3.89	3.73	3.61	3.51	3.44	3.37
	0.010	9.33	6.93	5.95	5.41	5.06	4.82	4.64	4.50	4.39	4.30
	0.001	18.64	12.97	10.80	9.63	8.89	8.38	8.00	7.71	7.48	7.29
	0.100	3.14	2.76	2.56	2.43	2.35	2.28	2.23	2.20	2.16	2.14
	0.050	4.67	3.81	3.41	3.18	3.03	2.92	2.83	2.77	2.71	2.67
13	0.025	6.41	4.97	4.35	4.00	3.77	3.60	3.48	3.39	3.31	3.25
	0.010	9.07	6.70	5.74	5.21	4.86	4.62	4.44	4.30	4.19	4.10
	0.001	17.82	12.31	10.21	9.07	8.35	7.86	7.49	7.21	6.98	6.80

[표 4] F 분포-오른쪽 꼬리 확률(계속)

분모의 자유도 (m)	p	분자의 자유도(n)									
		12	15	20	25	30	40	50	60	120	1,000
	0.100	2.67	2.63	2.59	2.57	2.56	2.54	2.52	2.51	2.49	2.47
	0.050	3.57	3.51	3.44	3.40	3.38	3.34	3.32	3.30	3.27	3.23
7	0.025	4.67	4.57	4.47	4.40	4.36	4.31	4.28	4.25	4.20	4.15
	0.010	6.47	6.31	6.16	6.06	5.99	5.91	5.86	5.82	5.74	5.66
	0.001	13.71	13.32	12.93	12.69	12.53	12.33	12.20	12.12	11.91	11.72
	0.100	2.50	2.46	2.42	2.40	2.38	2.36	2.35	2.34	2.32	2.30
	0.050	3.28	3.22	3.15	3.11	3.08	3.04	3.02	3.01	2.97	2.93
8	0.025	4.20	4.10	4.00	3.94	3.89	3.84	3.81	3.78	3.73	3.68
	0.010	5.67	5.52	5.36	5.26	5.20	5.12	5.07	5.03	4.95	4.87
	0.001	11.19	10.84	10.48	10.26	10.11	9.92	9.80	9.73	9.53	9.36
	0.100	2.38	2.34	2.30	2.27	2.25	2.23	2.22	2.21	2.18	2.16
	0.050	3.07	3.01	2.94	2.89	2.86	2.83	2.80	2.79	2.75	2.71
9	0.025	3.87	3.77	3.67	3.60	3.56	3.51	3.47	3.45	3.39	3.34
	0.010	5.11	4.96	4.81	4.71	4.65	4.57	4.52	4.48	4.40	4.32
	0.001	9.57	9.24	8.90	8.69	8.55	8.37	8.26	8.19	8.00	7.84
	0.100	2.28	2.24	2.20	2.17	2.16	2.13	2.12	2.11	2.08	2.06
	0.050	2.91	2.85	2.77	2.73	2.70	2.66	2.64	2.62	2.58	2.54
10	0.025	3.62	3.52	3.42	3.35	3.31	3.26	3.22	3.20	3.14	3.09
	0.010	4.71	4.56	4.41	4.31	4.25	4.17	4.12	4.08	4.00	3.92
	0.001	8.45	8.13	7.80	7.60	7.47	7.30	7.19	7.12	6.94	6.78
	0.100	2.21	2.17	2.12	2.10	2.08	2.05	2.04	2.03	2.00	1.98
	0.050	2.79	2.72	2.65	2.60	2.57	2.53	2.51	2.49	2.45	2.41
11	0.025	3.43	3.33	3.23	3.16	3.12	3.06	3.03	3.00	2.94	2.89
	0.010	4.40	4.25	4.10	4.01	3.94	3.86	3.81	3.78	3.69	3.61
	0.001	7.63	7.32	7.01	6.81	6.68	6.52	6.42	6.35	6.18	6.02
	0.100	2.15	2.10	2.06	2.03	2.01	1.99	1.97	1.96	1.93	1.91
	0.050	2.69	2.62	2.54	2.50	2.47	2.43	2.40	2.38	2.34	2.30
12	0.025	3.28	3.18	3.07	3.01	2.96	2.91	2.87	2.85	2.79	2.73
	0.010	4.16	4.01	3.86	3.76	3.70	3.62	3.57	3.54	3.45	3.37
	0.001	7.00	6.71	6.40	6.22	6.09	5.93	5.83	5.76	5.59	5.44
	0.100	2.10	2.05	2.01	1.98	1.96	1.93	1.92	1.90	1.88	1.85
	0.050	2.60	2.53	2.46	2.41	2.38	2.34	2.31	2.30	2.25	2.21
13	0.025	3.15	3.05	2.95	2.88	2.84	2.78	2.74	2.72	2.66	2.60
	0.010	3.96	3.82	3.66	3.57	3.51	3.43	3.38	3.34	3.25	3.18
	0.001	6.52	6.23	5.93	5.75	5.63	5.47	5.37	5.30	5.14	4.99

[표 4] F 분포-오른쪽 꼬리 확률(계속)

분모의 자유도 (m)	p	분자의 자유도(n) 1	2	3	4	5	6	7	8	9	10
	0.100	3.10	2.73	2.52	2.39	2.31	2.24	2.19	2.15	2.12	2.10
	0.050	4.60	3.74	3.34	3.11	2.96	2.85	2.76	2.70	2.65	2.60
14	0.025	6.30	4.86	4.24	3.89	3.66	3.50	3.38	3.29	3.21	3.15
	0.010	8.86	6.51	5.56	5.04	4.69	4.46	4.28	4.14	4.03	3.94
	0.001	17.14	11.78	9.73	8.62	7.92	7.44	7.08	6.80	6.58	6.40
	0.100	3.07	2.70	2.49	2.36	2.27	2.21	2.16	2.12	2.09	2.06
	0.050	4.54	3.68	3.29	3.06	2.90	2.79	2.71	2.64	2.59	2.54
15	0.025	6.20	4.77	4.15	3.80	3.58	3.41	3.29	3.20	3.12	3.06
	0.010	8.68	6.36	5.42	4.89	4.56	4.32	4.14	4.00	3.89	3.80
	0.001	16.59	11.34	9.34	8.25	7.57	7.09	6.74	6.47	6.26	6.08
	0.100	3.05	2.67	2.46	2.33	2.24	2.18	2.13	2.09	2.06	2.03
	0.050	4.49	3.63	3.24	3.01	2.85	2.74	2.66	2.59	2.54	2.49
16	0.025	6.12	4.69	4.08	3.73	3.50	3.34	3.22	3.12	3.05	2.99
	0.010	8.53	6.23	5.29	4.77	4.44	4.20	4.03	3.89	3.78	3.69
	0.001	16.12	10.97	9.01	7.94	7.27	6.80	6.46	6.19	5.98	5.81
	0.100	3.03	2.64	2.44	2.31	2.22	2.15	2.10	2.06	2.03	2.00
	0.050	4.45	3.59	3.20	2.96	2.81	2.70	2.61	2.55	2.49	2.45
17	0.025	6.04	4.62	4.01	3.66	3.44	3.28	3.16	3.06	2.98	2.92
	0.010	8.40	6.11	5.19	4.67	4.34	4.10	3.93	3.79	3.68	3.59
	0.001	15.72	10.66	8.73	7.68	7.02	6.56	6.22	5.96	5.75	5.58
	0.100	3.01	2.62	2.42	2.29	2.20	2.13	2.08	2.04	2.00	1.98
	0.050	4.41	3.55	3.16	2.93	2.77	2.66	2.58	2.51	2.46	2.41
18	0.025	5.98	4.56	3.95	3.61	3.38	3.22	3.10	3.01	2.93	2.87
	0.010	8.29	6.01	5.09	4.58	4.25	4.01	3.84	3.71	3.60	3.51
	0.001	15.38	10.39	8.49	7.46	6.81	6.35	6.02	5.76	5.56	5.39
	0.100	2.99	2.61	2.40	2.27	2.18	2.11	2.06	2.02	1.98	1.96
	0.050	4.38	3.52	3.13	2.90	2.74	2.63	2.54	2.48	2.42	2.38
19	0.025	5.92	4.51	3.90	3.56	3.33	3.17	3.05	2.96	2.88	2.82
	0.010	8.18	5.93	5.01	4.50	4.17	3.94	3.77	3.63	3.52	3.43
	0.001	15.08	10.16	8.28	7.27	6.62	6.18	5.85	5.59	5.39	5.22
	0.100	2.97	2.59	2.38	2.25	2.16	2.09	2.04	2.00	1.96	1.94
	0.050	4.35	3.49	3.10	2.87	2.71	2.60	2.51	2.45	2.39	2.35
20	0.025	5.87	4.46	3.86	3.51	3.29	3.13	3.01	2.91	2.84	2.77
	0.010	8.10	5.85	4.94	4.43	4.10	3.87	3.70	3.56	3.46	3.37
	0.001	14.82	9.95	8.10	7.10	6.46	6.02	5.69	5.44	5.24	5.08

[표 4] F 분포–오른쪽 꼬리 확률(계속)

분모의 자유도 (m)	p	분자의 자유도 (n)									
		12	15	20	25	30	40	50	60	120	1,000
	0.100	2.05	2.01	1.96	1.93	1.91	1.89	1.87	1.86	1.83	1.80
	0.050	2.53	2.46	2.39	2.34	2.31	2.27	2.24	2.22	2.18	2.14
14	0.025	3.05	2.95	2.84	2.78	2.73	2.67	2.64	2.61	2.55	2.50
	0.010	3.80	3.66	3.51	3.41	3.35	3.27	3.22	3.18	3.09	3.02
	0.001	6.13	5.85	5.56	5.38	5.25	5.10	5.00	4.94	4.77	4.62
	0.100	2.02	1.97	1.92	1.89	1.87	1.85	1.83	1.82	1.79	1.76
	0.050	2.48	2.40	2.33	2.28	2.25	2.20	2.18	2.16	2.11	2.07
15	0.025	2.96	2.86	2.76	2.69	2.64	2.59	2.55	2.52	2.46	2.40
	0.010	3.67	3.52	3.37	3.28	3.21	3.13	3.08	3.05	2.96	2.88
	0.001	5.81	5.54	5.25	5.07	4.95	4.80	4.70	4.64	4,47	4.33
	0.100	1.99	1.94	1.89	1.86	1.84	1.81	1.79	1.78	1.75	1.72
	0.050	2.42	2.35	2.28	2.23	2.19	2.15	2.12	2.11	2.06	2.02
16	0.025	2.89	2.79	2.68	2.61	2.57	2.51	2.47	2.45	2.38	2.32
	0.010	3.55	3.41	3.26	3.16	3.10	3.02	2.97	2.93	2.84	2.76
	0.001	5.55	5.27	4.99	4.82	4.70	4.54	4.45	4.39	4.23	4.08
	0.100	1.96	1.91	1.86	1.83	1.81	1.78	1.76	1.75	1.72	1.69
	0.050	2.38	2.31	2.23	2.18	2.15	2.10	2.08	2.06	2.01	1.97
17	0.025	2.82	2.72	2.62	2.55	2.50	2.44	2.41	2.38	2.32	2.26
	0.010	3.46	3.31	3.16	3.07	3.00	2.92	2.87	2.83	2.75	2.66
	0.001	5.32	5.05	4.78	4.60	4.48	4.33	4.24	4.18	4.02	3.87
	0.100	1.93	1.89	1.84	1.80	1.78	1.75	1.74	1.72	1.69	1.66
	0.050	2.34	2.27	2.19	2.14	2.11	2.06	2.04	2.02	1.97	1.92
18	0.025	2.77	2.67	2.56	2.49	2.44	2.38	2.35	2.32	2.26	2.20
	0.010	3.37	3.23	3.08	2.98	2.92	2.84	2.78	2.75	2.66	2.58
	0.001	5.13	4.87	4.59	4.42	4.30	4.15	4.06	4.00	3.84	3.69
	0.100	1.91	1.86	1.81	1.78	1.76	1.73	1.71	1.70	1.67	1.64
	0.050	2.31	2.23	2.16	2.11	2.07	2.03	2.00	1.98	1.93	1.88
19	0.025	2.72	2.62	2.51	2.44	2.39	2.33	2.30	2.27	2.20	2.14
	0.010	3.30	3.15	3.00	2.91	2.84	2.76	2.71	2.67	2.58	2.50
	0.001	4.97	4.70	4.43	4.26	4.14	3.99	3.90	3.84	3.68	3.53
	0.100	1.89	1.84	1.79	1.76	1.74	1.71	1.69	1.68	1.64	1.61
	0.050	2.28	2.20	2.12	2.07	2.04	1.99	1.97	1.95	1.90	1.85
20	0.025	2.68	2.57	2.46	2.40	2.35	2.29	2.25	2.22	2.16	2.09
	0.010	3.23	3.09	2.94	2.84	2.78	2.69	2.64	2.61	2.52	2.43
	0.001	4.82	4.56	4.29	4.12	4.00	3.86	3.77	3.70	3.54	3.40

[표 4] F 분포–오른쪽 꼬리 확률(계속)

분모의 자유도 (m)	p	분자의 자유도(n) 1	2	3	4	5	6	7	8	9	10
	0.100	2.96	2.57	2.36	2.23	2.14	2.08	2.02	1.98	1.95	1.92
	0.050	4.32	3.47	3.07	2.84	2.68	2.57	2.49	2.42	2.37	2.32
21	0.025	5.83	4.42	3.82	3.48	3.25	3.09	2.97	2.87	2.80	2.73
	0.010	8.02	5.78	4.87	4.37	4.04	3.81	3.64	3.51	3.40	3.31
	0.001	14.59	9.77	7.94	6.95	6.32	5.88	5.56	5.31	5.11	4.95
	0.100	2.95	2.56	2.35	2.22	2.13	2.06	2.01	1.97	1.93	1.90
	0.050	4.30	3.44	3.05	2.82	2.66	2.55	2.46	2.40	2.34	2.30
22	0.025	5.79	4.38	3.78	3.44	3.22	3.05	2.93	2.84	2.76	2.70
	0.010	7.95	5.72	4.82	4.31	3.99	3.76	3.59	3.45	3.35	3.26
	0.001	14.38	9.61	7.80	6.81	6.19	5.76	5.44	5.19	4.99	4.83
	0.100	2.94	2.55	2.34	2.21	2.11	2.05	1.99	1.95	1.92	1.89
	0.050	4.28	3.42	3.03	2.80	2.64	2.53	2.44	2.37	2.32	2.27
23	0.025	5.75	4.35	3.75	3.41	3.18	3.02	2.90	2.81	2.73	2.67
	0.010	7.88	5.66	4.76	4.26	3.94	3.71	3.54	3.41	3.30	3.21
	0.001	14.20	9.47	7.67	6.70	6.08	5.65	5.33	5.09	4.89	4.73
	0.100	2.93	2.54	2.33	2.19	2.10	2.04	1.98	1.94	1.91	1.88
	0.050	4.26	3.40	3.01	2.78	2.62	2.51	2.42	2.36	2.30	2.25
24	0.025	5.72	4.32	3.72	3.38	3.15	2.99	2.87	2.78	2.70	2.64
	0.010	7.82	5.61	4.72	4.22	3.90	3.67	3.50	3.36	3.26	3.17
	0.001	14.03	9.34	7.55	6.59	5.98	5.55	5.23	4.99	4.80	4.64
	0.100	2.92	2.53	2.32	2.18	2.09	2.02	1.97	1.93	1.89	1.87
	0.050	4.24	3.39	2.99	2.76	2.60	2.49	2.40	2.34	2.28	2.24
25	0.025	5.69	4.29	3.69	3.35	3.13	2.97	2.85	2.75	2.68	2.61
	0.010	7.77	5.57	4.68	4.18	3.85	3.63	3.46	3.32	3.22	3.13
	0.001	13.88	9.22	7.45	6.49	5.89	5.46	5.15	4.91	4.71	4.56
	0.100	2.91	2.52	2.31	2.17	2.08	2.01	1.96	1.92	1.88	1.86
	0.050	4.23	3.37	2.98	2.74	2.59	2.47	2.39	2.32	2.27	2.22
26	0.025	5.66	4.27	3.67	3.33	3.10	2.94	2.82	2.73	2.65	2.59
	0.010	7.72	5.53	4.64	4.14	3.82	3.59	3.42	3.29	3.18	3.09
	0.001	13.74	9.12	7.36	6.41	5.80	5.38	5.07	4.83	4.64	4.48
	0.100	2.90	2.51	2.30	2.17	2.07	2.00	1.95	1.91	1.87	1.85
	0.050	4.21	3.35	2.96	2.73	2.57	2.46	2.37	2.31	2.25	2.20
27	0.025	5.63	4.24	3.65	3.31	3.08	2.92	2.80	2.71	2.63	2.57
	0.010	7.68	5.49	4.60	4.11	3.78	3.56	3.39	3.26	3.15	3.06
	0.001	13.61	9.02	7.27	6.33	5.73	5.31	5.00	4.76	4.57	4.41

[표 4] F 분포-오른쪽 꼬리 확률(계속)

분모의 자유도 (m)	p	분자의 자유도(n)									
		12	15	20	25	30	40	50	60	120	1,000
	0.100	1.87	1.83	1.78	1.74	1.72	1.69	1.67	1.66	1.62	1.59
	0.050	2.25	2.18	2.10	2.05	2.01	1.96	1.94	1.92	1.87	1.82
21	0.025	2.64	2.53	2.42	2.36	2.31	2.25	2.21	2.18	2.11	2.05
	0.010	3.17	3.03	2.88	2.79	2.72	2.64	2.58	2.55	2.46	2.37
	0.001	4.70	4.44	4.17	4.00	3.88	3.74	3.64	3.58	3.42	3.28
	0.100	1.86	1.81	1.76	1.73	1.70	1.67	1.65	1.64	1.60	1.57
	0.050	2.23	2.15	2.07	2.02	1.98	1.94	1.91	1.89	1.84	1.79
22	0.025	2.60	2.50	2.39	2.32	2.27	2.21	2.17	2.14	2.08	2.01
	0.010	3.12	2.98	2.83	2.73	2.67	2.58	2.53	2.50	2.40	2.32
	0.001	4.58	4.33	4.06	3.89	3.78	3.63	3.54	3.48	3.32	3.17
	0.100	1.84	1.80	1.74	1.71	1.69	1.66	1.64	1.62	1.59	1.55
	0.050	2.20	2.13	2.05	2.00	1.96	1.91	1.88	1.86	1.81	1.76
23	0.025	2.57	2.47	2.36	2.29	2.24	2.18	2.14	2.11	2.04	1.98
	0.010	3.07	2.93	2.78	2.69	2.62	2.54	2.48	2.45	2.35	2.27
	0.001	4.48	4.23	3.96	3.79	3.68	3.53	3.44	3.38	3.22	3.08
	0.100	1.83	1.78	1.73	1.70	1.67	1.64	1.62	1.61	1.57	1.54
	0.050	2.18	2.11	2.03	1.97	1.94	1.89	1.86	1.84	1.79	1.74
24	0.025	2.54	2.44	2.33	2.26	2.21	2.15	2.11	2.08	2.01	1.94
	0.010	3.03	2.89	2.74	2.64	2.58	2.49	2.44	2.40	2.31	2.22
	0.001	4.39	4.14	3.87	3.71	3.59	3.45	3.36	3.29	3.14	2.99
	0.100	1.82	1.77	1.72	1.68	1.66	1.63	1.61	1.59	1.56	1.52
	0.050	2.16	2.09	2.01	1.96	1.92	1.87	1.84	1.82	1.77	1.72
25	0.025	2.51	2.41	2.30	2.23	2.18	2.12	2.08	2.05	1.98	1.91
	0.010	2.99	2.85	2.70	2.60	2.54	2.45	2.40	2.36	2.27	2.18
	0.001	4.31	4.06	3.79	3.63	3.52	3.37	3.28	3.22	3.06	2.91
	0.100	1.81	1.76	1.71	1.67	1.65	1.61	1.59	1.58	1.54	1.51
	0.050	2.15	2.07	1.99	1.94	1.90	1.85	1.82	1.80	1.75	1.70
26	0.025	2.49	2.39	2.28	2.21	2.16	2.09	2.05	2.03	1.95	1.89
	0.010	2.96	2.81	2.66	2.57	2.50	2.42	2.36	2.33	2.23	2.14
	0.001	4.24	3.99	3.72	3.56	3.44	3.30	3.21	3.15	2.99	2.84
	0.100	1.80	1.75	1.70	1.66	1.64	1.60	1.58	1.57	1.53	1.50
	0.050	2.13	2.06	1.97	1.92	1.88	1.84	1.81	1.79	1.73	1.68
27	0.025	2.47	2.36	2.25	2.18	2.13	2.07	2.03	2.00	1.93	1.86
	0.010	2.93	2.78	2.63	2.54	2.47	2.38	2.33	2.29	2.20	2.11
	0.001	4.17	3.92	3.66	3.49	3.38	3.23	3.14	3.08	2.92	2.78

[표 4] F 분포-오른쪽 꼬리 확률(계속)

분모의 자유도 (m)	p	분자의 자유도(n) 1	2	3	4	5	6	7	8	9	10
	0.100	2.89	2.50	2.29	2.16	2.06	2.00	1.94	1.90	1.87	1.84
	0.050	4.20	3.34	2.95	2.71	2.56	2.45	2.36	2.29	2.24	2.19
28	0.025	5.61	4.22	3.63	3.29	3.06	2.90	2.78	2.69	2.61	2.55
	0.010	7.64	5.45	4.57	4.07	3.75	3.53	3.36	3.23	3.12	3.03
	0.001	13.50	8.93	7.19	6.25	5.66	5.24	4.93	4.69	4.50	4.35
	0.100	2.89	2.50	2.28	2.15	2.06	1.99	1.93	1.89	1.86	1.83
	0.050	4.18	3.33	2.93	2.70	2.55	2.43	2.35	2.28	2.22	2.18
29	0.025	5.59	4.20	3.61	3.27	3.04	2.88	2.76	2.67	2.59	2.53
	0.010	7.60	5.42	4.54	4.04	3.73	3.50	3.33	3.20	3.09	3.00
	0.001	13.39	8.85	7.12	6.19	5.59	5.18	4.87	4.64	4.45	4.29
	0.100	2.88	2.49	2.28	2.14	2.05	1.98	1.93	1.88	1.85	1.82
	0.050	4.17	3.32	2.92	2.69	2.53	2.42	2.33	2.27	2.21	2.16
30	0.025	5.57	4.18	3.59	3.25	3.03	2.87	2.75	2.65	2.57	2.51
	0.010	7.56	5.39	4.51	4.02	3.70	3.47	3.30	3.17	3.07	2.98
	0.001	13.29	8.77	7.05	6.12	5.53	5.12	4.82	4.58	4.39	4.24
	0.100	2.84	2.44	2.23	2.09	2.00	1.93	1.87	1.83	1.79	1.76
	0.050	4.08	3.23	2.84	2.61	2.45	2.34	2.25	2.18	2.12	2.08
40	0.025	5.42	4.05	3.46	3.13	2.90	2.74	2.62	2.53	2.45	2.39
	0.010	7.31	5.18	4.31	3.83	3.51	3.29	3.12	2.99	2.89	2.80
	0.001	12.61	8.25	6.59	5.70	5.13	4.73	4.44	4.21	4.02	3.87
	0.100	2.81	2.41	2.20	2.06	1.97	1.90	1.84	1.80	1.76	1.73
	0.050	4.03	3.18	2.79	2.56	2.40	2.29	2.20	2.13	2.07	2.03
50	0.025	5.34	3.97	3.39	3.05	2.83	2.67	2.55	2.46	2.38	2.32
	0.010	7.17	5.06	4.20	3.72	3.41	3.19	3.02	2.89	2.78	2.70
	0.001	12.22	7.96	6.34	5.46	4.90	4.51	4.22	4.00	3.82	3.67
	0.100	2.79	2.39	2.18	2.04	1.95	1.87	1.82	1.77	1.74	1.71
	0.050	4.00	3.15	2.76	2.53	2.37	2.25	2.17	2.10	2.04	1.99
60	0.025	5.29	3.93	3.34	3.01	2.79	2.63	2.51	2.41	2.33	2.27
	0.010	7.08	4.98	4.13	3.65	3.34	3.12	2.95	2.82	2.72	2.63
	0.001	11.97	7.77	6.17	5.31	4.76	4.37	4.09	3.86	3.69	3.54
	0.100	2.76	2.36	2.14	2.00	1.91	1.83	1.78	1.73	1.69	1.66
	0.050	3.94	3.09	2.70	2.46	2.31	2.19	2.10	2.03	1.97	1.93
100	0.025	5.18	3.83	3.25	2.92	2.70	2.54	2.42	2.32	2.24	2.18
	0.010	6.90	4.82	3.98	3.51	3.21	2.99	2.82	2.69	2.59	2.50
	0.001	11.50	7.41	5.86	5.02	4.48	4.11	3.83	3.61	3.44	3.30

[표 4] F 분포–오른쪽 꼬리 확률(계속)

분모의 자유도 (m)	p	분자의 자유도(n) 12	15	20	25	30	40	50	60	120	1,000
	0.100	1.79	1.74	1.69	1.65	1.63	1.59	1.57	1.56	1.52	1.48
	0.050	2.12	2.04	1.96	1.91	1.87	1.82	1.79	1.77	1.71	1.66
28	0.025	2.45	2.34	2.23	2.16	2.11	2.05	2.01	1.98	1.91	1.84
	0.010	2.90	2.75	2.60	2.51	2.44	2.35	2.30	2.26	2.17	2.08
	0.001	4.11	3.86	3.60	3.43	3.32	3.18	3.09	3.02	2.86	2.72
	0.100	1.78	1.73	1.68	1.64	1.62	1.58	1.56	1.55	1.51	1.47
	0.050	2.10	2.03	1.94	1.89	1.85	1.81	1.77	1.75	1.70	1.65
29	0.025	2.43	2.32	2.21	2.14	2.09	2.03	1.99	1.96	1.89	1.82
	0.010	2.87	2.73	2.57	2.48	2.41	2.33	2.27	2.23	2.14	2.05
	0.001	4.05	3.80	3.54	3.38	3.27	3.12	3.03	2.97	2.81	2.66
	0.100	1.77	1.72	1.67	1.63	1.61	1.57	1.55	1.54	1.50	1.46
	0.050	2.09	2.01	1.93	1.88	1.84	1.79	1.76	1.74	1.68	1.63
30	0.025	2.41	2.31	2.20	2.12	2.07	2.01	1.97	1.94	1.87	1.80
	0.010	2.84	2.70	2.55	2.45	2.39	2.30	2.25	2.21	2.11	2.02
	0.001	4.00	3.75	3.49	3.33	3.22	3.07	2.98	2.92	2.76	2.61
	0.100	1.71	1.66	1.61	1.57	1.54	1.51	1.48	1.47	1.42	1.38
	0.050	2.00	1.92	1.84	1.78	1.74	1.69	1.66	1.64	1.58	1.52
40	0.025	2.29	2.18	2.07	1.99	1.94	1.88	1.83	1.80	1.72	1.65
	0.010	2.66	2.52	2.37	2.27	2.20	2.11	2.06	2.02	1.92	1.82
	0.001	3.64	3.40	3.14	2.98	2.87	2.73	2.64	2.57	2.41	2.25
	0.100	1.68	1.63	1.57	1.53	1.50	1.46	1.44	1.42	1.38	1.33
	0.050	1.95	1.87	1.78	1.73	1.69	1.63	1.60	1.58	1.51	1.45
50	0.025	2.22	2.11	1.99	1.92	1.87	1.80	1.75	1.72	1.64	1.56
	0.010	2.56	2.42	2.27	2.17	2.10	2.01	1.95	1.91	1.80	1.70
	0.001	3.44	3.20	2.95	2.79	2.68	2.53	2.44	2.38	2.21	2.05
	0.100	1.66	1.60	1.54	1.50	1.48	1.44	1.41	1.40	1.35	1.30
	0.050	1.92	1.84	1.75	1.69	1.65	1.59	1.56	1.53	1.47	1.40
60	0.025	2.17	2.06	1.94	1.87	1.82	1.74	1.70	1.67	1.58	1.49
	0.010	2.50	2.35	2.20	2.10	2.03	1.94	1.88	1.84	1.73	1.62
	0.001	3.32	3.08	2.83	2.67	2.55	2.41	2.32	2.25	2.08	1.92
	0.100	1.61	1.56	1.49	1.45	1.42	1.38	1.35	1.34	1.28	1.22
	0.050	1.85	1.77	1.68	1.62	1.57	1.52	1.48	1.45	1.38	1.30
100	0.025	2.08	1.97	1.85	1.77	1.71	1.64	1.59	1.56	1.46	1.36
	0.010	2.37	2.22	2.07	1.97	1.89	1.80	1.74	1.69	1.57	1.45
	0.001	3.07	2.84	2.59	2.43	2.32	2.17	2.08	2.01	1.83	1.64

[표 5] 난수표

줄								
101	19223	95034	05756	28713	96409	12531	42544	82853
102	73676	47150	99400	01927	27754	42648	82425	36290
103	45467	71709	77558	00095	32863	29485	82226	90056
104	52711	38889	93074	60227	40011	85848	48767	52573
105	95592	94007	69971	91481	60779	53791	17297	59335
106	68417	35013	15529	72765	85089	57067	50211	47487
107	82739	57890	20807	47511	81676	55300	94383	14893
108	60940	72024	17868	24943	61790	90656	87964	18883
109	36009	19365	15412	39638	85453	46816	83485	41979
110	38448	48789	18338	24697	39364	42006	76688	08708
111	81486	69487	60513	09297	00412	71238	27649	39950
112	59636	88804	04634	71197	19352	73089	84898	45785
113	62568	70206	40325	03699	71080	22553	11486	11776
114	45159	32992	75730	66280	03819	56202	02938	70915
115	61041	77684	94322	24709	73698	14526	31893	32592
116	14459	26056	31424	80371	65103	62253	50490	61181
117	38167	98532	62183	70632	23417	26185	41448	75532
118	73190	32533	04470	29669	84407	90785	65956	86382
119	95857	07118	87664	92099	58806	66979	98624	84826
120	35476	55972	39421	65850	04266	35435	43742	11937
121	71487	09984	29077	14863	61683	47052	62224	51025
122	13873	81598	95052	90908	73592	75186	87136	95761
123	54580	81507	27102	56027	55892	33063	41842	81868
124	71035	09001	43367	49497	72719	96758	27611	91596
125	96746	12149	37823	71868	18442	35119	62103	39244
126	96927	19931	36089	74192	77567	88741	48409	41903
127	43909	99477	25330	64359	40085	16925	85117	36071
128	15689	14227	06565	14374	13352	49367	81982	87209
129	36759	58984	68288	22913	18638	54303	00795	08727
130	69051	64817	87174	09517	84534	06489	87201	97245
131	05007	16632	81194	14873	04197	85576	45195	96565
132	68732	55259	84292	08796	43165	93739	31685	97150
133	45740	41807	65561	33302	07051	93623	18132	09547
134	27816	78416	18329	21337	35213	37741	04312	68508
135	66925	55658	39100	78458	11206	19876	87151	31260
136	08421	44753	77377	28744	75592	08563	79140	92454
137	53645	66812	61421	47836	12609	15373	98481	14592
138	66831	68908	40772	21558	47781	33586	79177	06928
139	55588	99404	70708	41098	43563	56934	48394	51719
140	12975	13258	13048	45144	72321	81940	00360	02428
141	96767	35964	23822	96012	94591	65194	50842	53372
142	72829	50232	97892	63408	77919	44575	24870	04178
143	88565	42628	17797	49376	61762	16953	88604	12724
144	62964	88145	83083	69453	46109	59505	69680	00900
145	19687	12633	57857	95806	09931	02150	43163	58636
146	37609	59057	66967	83401	60705	02384	90597	93600
147	54973	86278	88737	74351	47500	84552	19909	67181
148	00694	05977	19664	65441	20903	62371	22725	53340
149	71546	05233	53946	68743	72460	27601	45403	88692
150	07511	88915	41267	16853	84569	79367	32337	03316

[표 7] 난수표(계속)

줄								
151	03802	29341	29264	80198	12371	13121	54969	43912
152	77320	35030	77519	41109	98296	18984	60869	12349
153	07886	56866	39648	69290	03600	05376	58958	22720
154	87065	74133	21117	70595	22791	67306	28420	52067
155	42090	09628	54035	93879	98441	04606	27381	82637
156	55494	67690	88131	81800	11188	28552	25752	21953
157	16698	30406	96587	65985	07165	50148	16201	86792
158	16297	07626	68683	45335	34377	72941	41764	77038
159	22897	17467	17638	70043	36243	13008	83993	22869
160	98163	45944	34210	64158	76971	27689	82926	75957
161	43400	25831	06283	22138	16043	15706	73345	26238
162	97341	46254	88153	62336	21112	35574	99271	45297
163	64578	67197	28310	90341	37531	63890	52630	76315
164	11022	79124	49525	63078	17229	32165	01343	21394
165	81232	43939	23840	05995	84589	06788	76358	26622
166	36843	84798	51167	44728	20554	55538	27647	32708
167	84329	80081	69516	78934	14293	92478	16479	26974
168	27788	85789	41592	74472	96773	27090	24954	41474
169	99224	00850	43737	75202	44753	63236	14260	73686
170	38075	73239	52555	46342	13365	02182	30443	53229
171	87368	49451	55771	48343	51236	18522	73670	23212
172	40512	00681	44282	47178	08139	78693	34715	75606
173	81636	57578	54286	27216	58758	80358	84115	84568
174	26411	94292	06340	97762	37033	85968	94165	46514
175	80011	09937	57195	33906	94831	10056	42211	65491
176	92813	87503	63494	71379	76550	45984	05481	50830
177	70348	72871	63419	57363	29685	43090	18763	31714
178	24005	52114	26224	39078	80798	15220	43186	00976
179	85063	55810	10470	08029	30025	29734	61181	72090
180	11532	73186	92541	06915	72954	10167	12142	26492
181	59618	03914	05208	84088	20426	39004	84582	87317
182	92965	50837	39921	84661	82514	81899	24565	60874
183	85116	27684	14597	85747	01596	25889	41998	15635
184	15106	10411	90221	49377	44369	28185	80959	76355
185	03638	31589	07871	25792	85823	55400	56026	12193
186	97971	48932	45792	63993	95635	28753	46069	84635
187	49345	18305	76213	82390	77412	97401	50650	71755
188	87370	88099	89695	87633	76987	85503	26257	51736
189	88296	95670	74932	65317	93848	43988	47597	83044
190	79485	92200	99401	54473	34336	82786	05457	60343
191	40830	24979	23333	37619	56227	95941	59494	86539
192	32006	76302	81221	00693	95197	75044	46596	11628
193	37569	85187	44692	50706	53161	69027	88389	60313
194	56680	79003	23361	67094	15019	63261	24543	52884
195	05172	08100	22316	54495	60005	29532	18433	18057
196	74782	27005	03894	98038	20627	40307	47317	92759
197	85228	93264	61409	03404	09649	55937	60843	66167
198	68309	12060	14762	58002	03716	81968	57934	32624
199	26461	88346	52430	60906	74216	96263	69296	90107
200	42672	67680	42376	95023	82744	03971	96560	55148

찾아보기

■ 오광식

학력 : 경북대학교 사범대학 수학교육과 졸업
고려대학교 대학원 통계학과 석 · 박사 졸업 (이학박사)

경력 : 대구가톨릭대학교 사범대학 수학교육과 교수
대구가톨릭대학교 전자계산소장, 평생교육원장, 교무처장, 교육대학원장 역임
미국 미네소타주립대학교 통계학부 객원교수 역임

사회여론조사 –SPSS 활용–

지은이 오광식
펴낸이 박문규
펴낸곳 경문사
펴낸날 2012년 9월 1일 1판 1쇄
등 록 1979년 11월 9일 제313-1979-23호
주 소 121-818, 서울특별시 마포구 와우산로 174
전 화 (02)332-2004 팩스 (02)336-5193
이메일 kyungmoon@kyungmoon.com

값 14,000원

ISBN 978-89-6105-583-3